Stephan Barth
Hochrate-Abscheidung von piezoelektrischen Aluminiumnitrid-Dünnschichten mittels reaktiven Magnetron-Sputterns

TUD*press*

DRESDNER BEITRÄGE ZUR SENSORIK

Herausgegeben von

Gerald Gerlach

Band 56

Stephan Barth

Hochrate-Abscheidung von piezoelektrischen Aluminiumnitrid-Dünnschichten mittels reaktiven Magnetron-Sputterns

TUDpress
2015

Die vorliegende Arbeit wurde unter dem Titel „Hochrate-Abscheidung von piezoelektrischen Aluminiumnitrid-Dünnschichten mittels reaktiven Magnetron-Sputterns“ am 04.04.2014 als Dissertation an der Fakultät Elektrotechnik und Informationstechnik der Technischen Universität Dresden eingereicht und am 07.01.2015 verteidigt.

Vorsitzender:	Prof. Dr. rer. nat. Johann Bartha
Gutachter:	Prof. Dr.-Ing. habil. Gerald Gerlach
	Prof. Dr.-Ing. Stefan Schulz
	Dr. rer nat. Peter Frach

Bibliografische Information der Deutschen Nationalbibliothek
Die Deutsche Nationalbibliothek verzeichnet diese Publikation in der Deutschen Nationalbibliografie; detaillierte bibliografische Daten sind im Internet über http://dnb.d-nb.de abrufbar.

Bibliographic information published by the Deutsche Nationalbibliothek
The Deutsche Nationalbibliothek lists this publication in the Deutsche Nationalbibliografie; detailed bibliographic data are available in the Internet at http://dnb.d-nb.de.

ISBN 978-3-95908-013-2

Verlag der Wissenschaften GmbH
Bergstr. 70 | D-01069 Dresden
Tel.: 0351/47 96 97 20 | Fax: 0351/47 96 08 19
http://www.tudpress.de

Gesetzt vom Autor.
Printed in Germany.

Vorwort des Herausgebers

Infolge der günstigen elektromechanischen Verkopplungen und der hohen erreichbaren Energiedichten werden piezoelektrische Materialien vielfältig für sensorische und aktorische Zwecke verwendet. Die besten piezoelektrischen Eigenschaften weist bisher PZT (Blei-Zirkonat-Titanat) auf. Wegen der einfachen Herstellbarkeit wird es meistens als gesinterte Keramik verwendet. Allerdings enthält PZT Blei und wird deshalb langfristig durch andere piezoelektrische Materialien abgelöst werden müssen. Ein aussichtsreicher Ersatz mit guten piezoelektrischen Eigenschaften dafür ist Aluminiumnitrid (AlN).

Gegenwärtig werden große Anstrengungen unternommen, piezoelektrisch aktive Schichten in Bauteile zu integrieren, um deren Form und deren Eigenschaften im Betrieb entsprechend den sich ändernden Betriebsbedingungen anpassen zu können. Dafür eignen sich besonders dünne Schichten. Dabei ist es allerdings notwendig, diese auf großen Flächen mit hinreichend großer Rate abzuscheiden. Bisher ist das mit den üblichen Abscheideverfahren noch nicht wirtschaftlich möglich.

Der vorliegende Band der „Dresdener Beiträge zur Sensorik" untersucht deshalb, inwieweit das reaktive Magnetron-Sputtern eine Alternative sein könnte, mit der sich dünne Schichten homogen und wirtschaftlich aufbringen lassen. Dazu werden die Haupteinflussgrößen auf den Herstellungsprozess betrachtet und die resultierenden Schichteigenschaften analysiert. Die Ergebnisse zeigen, dass das reaktive Magnetron-Sputtern für die Herstellung von AlN-Dünnschichten eine aussichtsreiche Technologie sein könnte.

Die vorliegende Arbeit ist deshalb nicht nur wissenschaftlich, sondern auch wirtschaftlich von großer Bedeutung. Ich wünsche ihr deshalb viele interessierte Leser!

Dresden im April 2015 Gerald Gerlach

Kurzfassung

Die vorliegende Dissertation befasst sich mit der Hochrate-Abscheidung piezoelektrischer Dünnschichten auf Basis von Aluminiumnitrid (AlN) mittels reaktiven Magnetron-Sputterns. Durch die Verwendung des Magnetrons im Sputterprozess lässt sich zwar gegenüber Sputterprozessen ohne Magnetfeldunterstützung die Abscheiderate erhöhen, jedoch verringert sich die Homogenität. Durch Nutzung einer Doppel-Ring-Magnetron-Quelle (DRM 400, Fraunhofer-Institut für Elektronenstrahl- und Plasmatechnik FEP) kann die Homogenität der Abscheidung auch über einen großen Beschichtungsbereich gewährleistet werden.

Zunächst werden die verschiedenen Prozessparameter untersucht und ihre Auswirkungen auf die Eigenschaften der abgeschiedenen Schichten analysiert. Als Haupteinflussgrößen auf die resultierenden Schichteigenschaften erweisen sich dabei der Pulsmodus, die Leistungen der beiden Targets, der Druck während des Prozesses und der reaktive Arbeitspunkt. Dabei können aufgrund des komplexen Zusammenspiels der Einflussgrößen verschiedene Parameterbereiche identifiziert werden, die eine Abscheidung von piezoelektrischen AlN-Dünnschichten mit hohen Abscheideraten und großem homogenen Beschichtungsbereich ermöglichen.

Der zweite Teil der Arbeit behandelt die Abscheidung von Schichten mit vorteilhaften Eigenschaften. Dabei sind insbesondere die auftretenden mechanischen Spannungen in den Schichten von Bedeutung. Es wird der Einfluss der Prozessparameter und der Schichtdicke auf die mechanischen Spannungen untersucht und Vorgehensweisen zur Reduzierung bzw. Vermeidung dieser Spannungen auch bei großen Schichtdicken von bis zu 50 µm diskutiert.

Abschließend wird die Dotierung der AlN-Schichten mit Scandium durch Co-Sputtern betrachtet. Durch diese Dotierung kann die piezoelektrische Aktivität der Schichten signifikant gesteigert werden.

Abstract

This thesis focuses on the high rate deposition of aluminum nitride (AlN) based piezoelectric thin films by reactive magnetron sputtering. The usage of a magnetron in the sputter process enables a much higher deposition rate compared to sputter processes without, but at the cost of a lower homogeneity. The homogeneity of the deposition can be improved by using a double ring magnetron system (DRM 400, Fraunhofer Institute for Electronbeam and Plasmatechnology FEP).

The objective of the first part of this thesis is therefore the analysis of process parameters and their influence on the resulting film properties using the reactive magnetron sputter process with the DRM 400. The main process parameters are the pulse modes, the target powers, the pressure and the reactive working point. Due to the complex interaction of the process parameters, there are several parameter constellations for the deposition of piezoelectric AlN thin films with a high deposition rate on a large homogeneous deposition area.

The following part focuses on the mechanical stress in the deposited films. The influences of the process parameters and the film thickness on the film stress is presented and aproaches to the reduction of film stress in thicker films (several µm up to 50 µm) are discussed.

The final part shows the doping of AlN films with scandium by co-sputtering. These $Al_XSc_{1\text{-}X}N$ films exhibit much higher piezoelectric responses than pure AlN.

Inhaltsverzeichnis

Danksagung

Die vorliegende Arbeit entstand während meiner Tätigkeit am Fraunhofer-Institut für Elektronenstrahl- und Plasmatechnik (FEP) Dresden. Ich möchte an dieser Stelle allen Personen danken, die mich bei der Anfertigung dieser Arbeit unterstützt haben.

Ich danke insbesondere Herrn Prof. Dr. Gerald Gerlach von der Technischen Universität Dresden für die wissenschaftliche Betreuung der Arbeit und ihm sowie Herrn Prof. Dr. Stefan Schulz für die Bereitschaft, diese Arbeit zu begutachten.

Für die Betreuung meiner Arbeit am FEP bedanke ich mich ganz besonders bei Dr. Hagen Bartzsch, Dr. Daniel Glöß und Dr. Peter Frach. Von ihnen erhielt ich wichtige Denkanstöße in hilfreichen Fachdiskussionen. Ebenfalls möchte ich meinen Kollegen am FEP für ihre Unterstützung bei der Versuchsdurchführung und für das sehr angenehme Arbeitsklima danken.

Ich danke Herrn Prof. Dr. Ernst Hegenbarth für die Betreuung während der Anfertigung der Arbeit, insbesondere die sehr gründliche Durchsicht des Manuskripts und die daraus resultierenden Hinweise zur Gestaltung der Arbeit.

Abschließend danken möchte ich meiner Familie, die mich während meiner Promotionszeit immer unterstützt hat.

Häufig verwendete Abkürzungen

AlN	Aluminiumnitrid
$Al_XSc_{1\text{-}X}N$	Aluminiumscandiumnitrid
PZT	Blei-Zirkonat-Titanat
DRM	Doppel-Ring-Magnetron
REM	Rasterelektronenmikroskopie
XRD	Röntgenbeugung (engl. X-Ray Diffraction)
EDS	Energiedisperse Röntgenspektroskopie

Häufig genutzte Formelzeichen

Formelzeichen	**Bedeutung**	**Einheit**
d_{33}	Piezoelektrischer Koeffizient (parallel zur polaren Achse)	pC/N
V_{pk-pk}	Puls-Echo-Amplitude	mV
$V_{pk-pk,rel}$	relative Puls-Echo-Amplitude	%
R	Abscheiderate	nm/s
σ	mechanische Spannung in der Schicht	MPa
p	Sputterdruck	Pa
P	geregelte Heizleistung der Thermosonde	mW
r	Radiale Position (Nullpunkt unter dem Zentrum des DRM 400)	cm
t_{Anode}	Anodenzeit (Zeitspanne innerhalb der Pulszeit von 1 ms, während der die Anode im Puls-Mischmodus zugeschaltet ist)	µs

1 Einleitung und Zielstellung

1.1 Einleitung

Funktionale Dünnschichten nehmen in den letzten Jahren eine immer bedeutendere Rolle ein, sei es als Kratzschutz, optische Filter, Barriereschichten oder in Sensoren, um nur einige Anwendungsfelder zu nennen. Eine besondere Gruppe ist die der piezoelektrischen Dünnschichten.

Piezoelektrika sind Materialien, bei denen durch Einwirken einer mechanischen Kraft eine Ladungstrennung entsteht (direkter Piezoeffekt) oder die sich bei Anlegen einer elektrischen Spannung verformen (umgekehrter Piezoeffekt) [1]. Anwendungen für piezoelektrische Materialien sind vor allem Aktuatoren, zum Beispiel in der Ultraschallerzeugung im medizinischen Bereich und der Materialprüfung [2]. Andere Anwendungsfelder finden sich in der Sensorik (z.B. Druckmessungen) oder als Mikromotoren. In den letzten Jahren kam mit der Zunahme der mobilen Funktechnik ein weiterer wichtiger Bereich als Frequenzfilter hinzu. Die dort verwendeten Frequenzen benötigen wesentlich dünnere Piezomaterialien im Bereich weniger Nano- bzw. Mikrometer.

Ein weithin genutztes Material für piezoelektrische Dünnschichten ist Aluminiumnitrid (AlN). Es wird typischerweise durch Sputtern erzeugt, wobei es sich hauptsächlich um DC- oder HF-Sputtern handelt [3]. Die Beschichtungsraten sind für die Anwendung zum Beispiel als SAW-Frequenzfilter (SAW: surface acoustic waves bzw. akustische Oberflächenwellen) zwar ausreichend hoch, durch eine Steigerung der Beschichtungsraten oder eine Vergrößerung des beschichtbaren Bereichs könnte die Produktivität jedoch weiter gesteigert und dementsprechend die Herstellungskosten gesenkt werden. Des Weiteren können durch höhere Beschichtungsraten dickere Schichten ökonomisch sinnvoll hergestellt und neue Anwendungsfelder in den

Bereichen Medizintechnik, Materialprüfung oder Mikroenergieerzeugung erschlossen werden [3], [4].

1.2 Zielstellung

Ziel dieser Arbeit ist die Entwicklung eines Hochrate-Beschichtungsprozesses für piezoelektrische Schichten auf Basis von Aluminiumnitrid. Anforderungen an diesen Prozess beinhalten eine hohe Beschichtungsrate über einen großen Beschichtungsbereich bei gleichzeitig guter Homogenität der Schichteigenschaften. Des Weiteren sollen die abgeschiedenen Schichten sehr gute piezoelektrische Eigenschaften aufweisen, um für potentielle Anwendungen interessant zu sein.

Einführend wird in Kapitel 2 eine Übersicht über die Grundlagen und den Stand der Technik gegeben. Im Anschluss daran werden die benutzte Beschichtungsanlage (Kapitel 3) sowie die verwendeten Messverfahren (Kapitel 4) vorgestellt.

Die eigenen wissenschaftlichen Beiträge sind in den Kapiteln 5 bis 7 dargestellt. Kapitel 5 behandelt den Magnetron-Sputterprozess. Der Fokus liegt dabei auf der Entwicklung und Charakterisierung eines Prozesses zur Abscheidung piezoelektrischer AlN-Schichten. Dabei werden insbesondere die Auswirkungen der verschiedenen Prozessparameter auf die Schichteigenschaften betrachtet. Darüber hinaus wird die Stabilität des Prozesses, der Bereich homogener Schichteigenschaften und die Reproduzierbarkeit der Ergebnisse untersucht.

Aufbauend darauf beschäftigt sich Kapitel 6 mit der Abscheidung von piezoelektrischen Schichten mit vorteilhaften Eigenschaften. Dies betrifft vor allem die Abscheidung von dicken Schichten im Bereich von mehreren 10 μm. Die maximalen Schichtdicken von AlN liegen für Filteranwendungen oder als MEMS-Komponente (MEMS: Micro-Electro-Mechanical System) üblicherweise bei wenigen Mikrometern. Die Abscheidung dickerer Schichten stellt daher eine neue Herausforderung dar. Zu diesem Zweck werden die Eigenschaften von AlN-Schichten unterschiedlicher Schichtdicke betrachtet und der Prozess für die Abscheidung dicker piezoelektrischer Schichten optimiert. Die Untersuchungen richten sich dabei im Wesentlichen auf die auftretenden mechanischen Schichtspannungen. Darauf aufbauend wird eine Vorgehensweise zur gezielten Einstellung dieser Spannungen vorgestellt.

Kapitel 7 beschäftigt sich mit der Abscheidung von Mischschichten aus Aluminium- und Scandiumnitrid ($Al_XSc_{1-X}N$). Diese Schichten sollen verbesserte piezoelektrische Eigenschaften gegenüber reinen AlN-Schichten aufweisen [5],[6]. Der experimentelle Nachweis gelang früher bereits in einer HF-Sputterquelle, jedoch mit deutlich niedrigeren Beschichtungsraten als denen, die mit dem in dieser Arbeit behandelten Magnetron-Sputterprozess möglich sind [7],[8],[9]. Aufbauend auf diesen Ergebnissen wird ein reaktiver Co-Sputterprozess unter Verwendung metallischer Alumium- und Scandiumtargets entwickelt. Die Charakterisierung des Sputterprozesses zur Abscheidung piezoelektrischer $Al_XSc_{1\text{-}X}N$-Schichten sowie der Einfluss verschiedener Prozessparameter werden diskutiert.

In Kapitel 8 werden die erreichten Ergebnisse zusammengefasst und ein Ausblick auf zukünftige Arbeiten gegeben.

2 Grundlagen

2.1 Verfahren der Schichtabscheidung

2.1.1 Technische Plasmen

Plasma ist ein quasineutrales Gas, das geladene (Elektronen und Ionen) und neutrale Teilchen (Atome, Moleküle und Radikale) enthält und oft auch als "vierter Aggregatzustand der Materie" bezeichnet wird [1], [10], [11]. Die Grenze zwischen dem gasförmigen und dem Plasma-Zustand ist dabei fließend [1], [10]. Quasineutralität bedeutet, dass das Plasma im Mittel elektrisch neutral ist. Man kann ein Plasma in die drei Teilsysteme Elektronengas, Ionengas und Neutralgas einteilen. Wichtige Kenngrößen eines Plasmas sind beispielsweise der Ionisationsgrad, die Energieverteilungsfunktionen, die Plasmadichte und die Plasmafrequenz.

Der Ionisationsgrad α eines Plasmas beschreibt das Verhältnis der Ionendichte n_i zur Gesamtteilchendichte n. Die Gesamtteilchendichte ist dabei die Summe der Ionendichte und der Neutralteilchendichte n_0 [1], [10]:

$$\alpha = \frac{n_i}{n} = \frac{n_i}{n_i + n_0}. \tag{2.1}$$

Für ein schwach ionisertes Plasma im thermischen Gleichgewicht lässt sich das Verhältnis der Ionen- zur Neutralteilchendichte durch die Eggert-Saha-Gleichung berechnen [1]:

$$\frac{n_i}{n_0} = \frac{(2\pi m \cdot k \cdot T)^{\frac{3}{4}}}{n_0^{\frac{1}{2}} h^{\frac{3}{2}}} e^{-\frac{E_i}{2k \cdot T}}. \tag{2.2}$$

Dabei ist m die Teilchenmasse, k die Boltzmannkonstante, T die Temperatur, h das Plancksche Wirkungsquantum und E_i die Ionisierungsenergie der Teilchen. Der

Ionisationsgrad von technischen Plasmen liegt üblicherweise im Bereich von 10^{-6} bis 0,3 [10].

Eine weitere wichtige Plasmakenngröße ist die Plasmafrequenz ω_p, auch Langmuir-Frequenz genannt. Sie beschreibt die Bewegung der geladenen Teilchen zum Ausgleich der mikroskopischen Ladungsunterschiede. Da Ladungsunterschiede zu elektrischen Feldern führen, wirken auf die geladenen Teilchen Kräfte in der Form:

$$\vec{F} = m \cdot \vec{a} = q \cdot \vec{E}. \tag{2.3}$$

Da auf die Ionen und Elektronen aufgrund des elektrischen Feldes $\vec{E}$ die gleiche Kraft $\vec{F}$ wirkt, aber die Ionenmasse m_i ein Vielfaches der Elektronenmasse m_e beträgt, können die Ionen als stationär angesehen werden. Dadurch entspricht die Ladung q der Elementarladung e. Die elektrische Feldstärke des Systems bei einer Verschiebung der Elektronen um die Strecke $\vec{x}$ entspricht daher

$$\vec{E} = \frac{n \cdot e \cdot \vec{x}}{\varepsilon_0 \cdot \varepsilon_r}. \tag{2.4}$$

Dabei ist ε_0 die elektrische Feldkonstante und ε_r die relative Dielektrizitätszahl (Vakuum $\varepsilon_r = 1$). Die resultierenden Teilchenbewegungen besitzen eine periodische Oszilation, die Langmuir-Frequenz genannt wird [1], [10]. Sie hängt mit der Elektronendichte n_e in der Form

$$\omega_p = \sqrt{\frac{n_e \cdot e^2}{\varepsilon_0 \cdot m_e}} \tag{2.5}$$

zusammen.

Die Verteilungsfunktion stellt die Verteilung der kinetischen Energie der Teilchen dar (ausgedrückt üblicherweise durch die Teilchengeschwindigkeit v) [1]. Sie wird im idealen Fall durch die Maxwell-Boltzmann-Verteilung

$$f(v) = \sqrt{\frac{2}{\pi}}(\frac{m}{k \cdot T})^{\frac{3}{2}} v^2 e^{-\frac{mv^2}{k \cdot T}} \tag{2.6}$$

beschrieben. Dabei ist T die Temperatur des Teilsystems. Im Fall von thermischen oder Hochdruckplasmen sind die Temperaturen der Teilsysteme ungefähr gleich. Sie werden aus diesem Grund auch als Gleichgewichtsplasmen bezeichnet. Technische Plasmen sind im Allgemeinen Nichtgleichgewichtsplasmen [10]. Das bedeutet, dass die Temperaturen der einzelnen Teilsysteme (Neutralgas, Ionengas und Elektronengas) stark unterschiedlich sind. Die Elektronentemperatur ist dabei wesentlich größer als die Ionentemperatur. Ursache hierfür ist, dass die Anregung eines Niederdruckplasmas üblicherweise durch elektrische Felder erfolgt [10]. Aufgrund ihrer im Vergleich zu den Ionen wesentlich geringeren Massen nehmen Elektronen pro Zeiteinheit einen wesentlich höheren Energiebetrag auf.

2.1.2 Dünnschicht-Abscheideverfahren

Zur Herstellung dünner Schichten existieren vielfältige Möglichkeiten [10], [12]. Das in dieser Arbeit angewendete Verfahren des reaktiven Magnetron-Sputterns gehört zur Gruppe der PVD-Verfahren (Physical Vapor Deposition, physikalische Gasphasenabscheidung).

a) Sputtern

Als Sputtern (Katodenzerstäubung oder auch Ionenzerstäubung) wird der Vorgang bezeichnet, bei dem durch Teilchenbeschuss Atome oder Moleküle aus einer Festkörperoberfläche herausgelöst werden [12]. Durch das auftreffende Teilchen kommt es zu einer Impulsübertragung und im Folgenden zu einer Stoßkaskade. Führt die Stoßkaskade zu einer Impulsübertragung in Richtung Targetoberfläche und erhält das Oberflächentargetatom noch genügend kinetische Energie, um die Oberflächenbindungsenergie zu überwinden, so kommt es zu einer Emission des Atoms aus der Oberfläche. Das Verhältnis der emittierten Atome zur Anzahl der auftreffenden Teilchen wird auch Sputterausbeute Y genannt. Es ist von vielen Faktoren abhängig, beispielsweise von der Masse der eintreffenden Ionen, ihrer Geschwindigkeit, der Masse der Targetatome, der Oberflächenrauheit und dem Einfallswinkel der eintreffenden Ionen [10], [12]. In Abbildung 2.1 sind Beispiele für die Sputterausbeuten von verschiedene Materialien beim Sputtern durch senkrechten bzw. schrägen Beschuss mit Ar^+-Ionen unterschiedlicher Energien dargestellt.

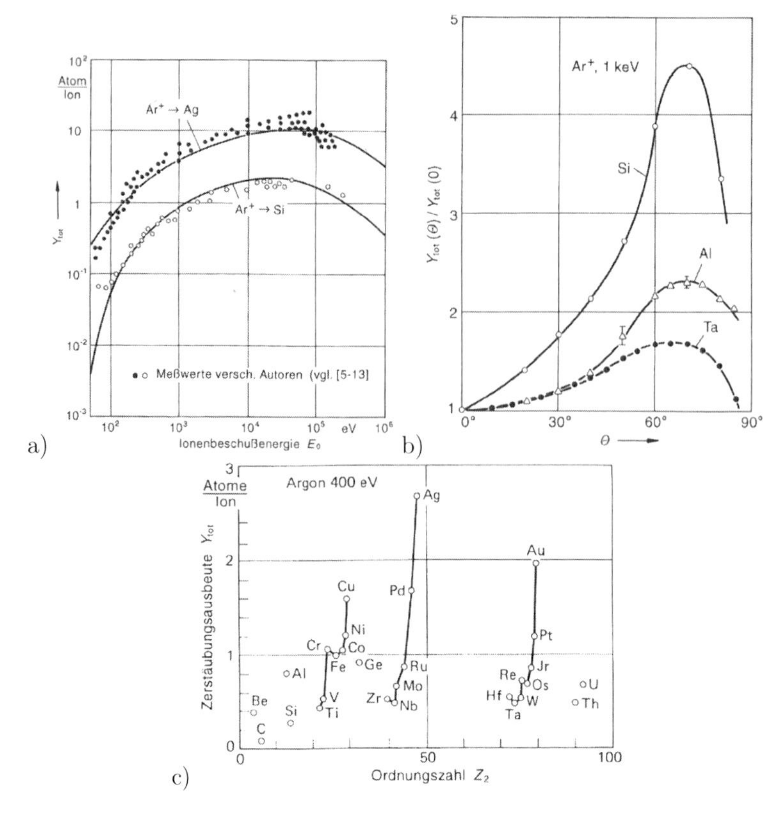

Abbildung 2.1: Sputterausbeute Y_{tot} a) für Ag und Si bei senkrechtem Beschuss mit Ar^+-Ionen unterschiedlicher Energien; b) normiert auf die Ausbeute $Y_{tot}(\theta = 0°)$ bei senkrechtem Beschuss in Abhängigkeit vom Einfallswinkel θ der Ar^+-Ionen mit 1 kV; c) für verschiedene Targetmaterialien für senkrechten Beschuss mit Ar^+-Ionen von 400 eV; (aus [12])

Das Sputtern stellt aber nur eine mögliche Folge der Teilchen-Festkörper-Wechselwirkung dar. Andere Möglichkeiten sind beispielsweise die Anregung von Außenelektronen des Targetmaterials durch inelastische Stöße der Teilchen, was zur Emission von Photonen oder Sekundärelektronen führen kann. Vor allem Letztere sind wichtig für die Aufrechterhaltung des Sputterprozesses, da durch diese Elektronen neue Stoß- und Anregungsprozesse im Plasma stattfinden [12]. Verschiedene Möglichkeiten der Wechselwirkungen durch Beschuss der Targetoberfläche mit einem Ion sind in Abbildung 2.2 dargestellt.

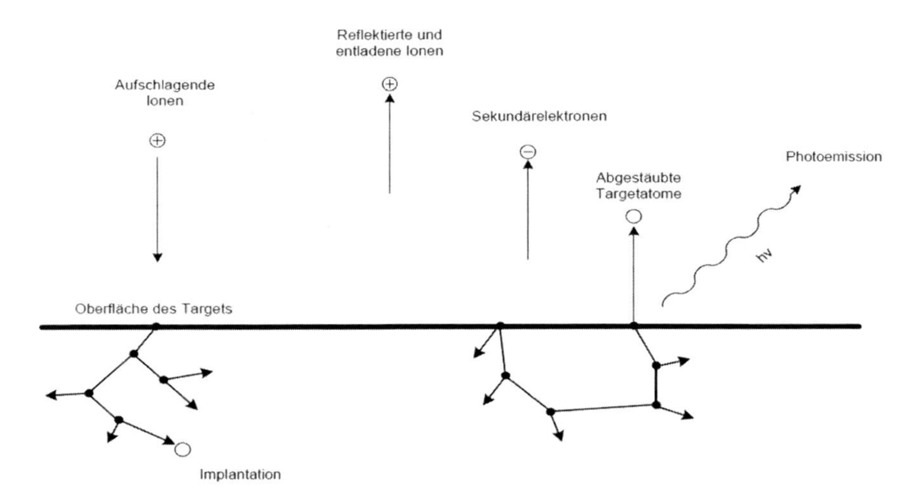

Abbildung 2.2: Wechselwirkung zwischen Ionen und der Festkörperoberfläche im Sputterprozess (nach [13])

b) Magnetron-Sputtern

Die Besonderheit des Magnetron-Sputterns ist, dass neben dem elektrischen Feld $\vec{E}$ auch ein magnetisches Feld $\vec{B}$ angelegt wird [10]. Durch die Überlagerung der beiden Felder wird auf die geladenen Teilchen die Kraft

$$\vec{F} = q(\vec{E} + \vec{v} \times \vec{B}) \tag{2.7}$$

ausgeübt. Aufgrund ihrer geringeren Masse wirkt der aus dem Zusammenspiel von $\vec{E}$ und $\vec{B}$ resultierende Drift wesentlich stärker auf Elektronen als auf Ionen. Dies führt zu einer spiralförmigen Bewegung der Elektronen über der Targetoberfläche [10], [12].

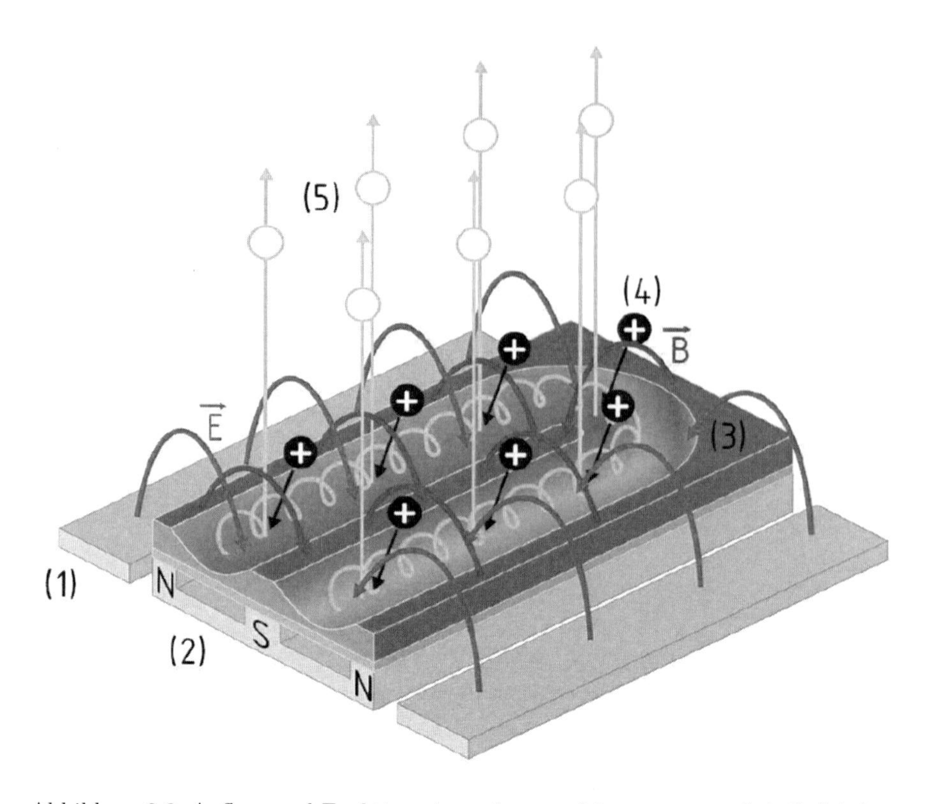

Abbildung 2.3: Aufbau und Funktion eines planaren Magnetrons nach [14]: (1) Anode; (2) Permanentmagnete; (3) Target; (4) Ionen des Sputter-Gases; (5) gesputterte Teilchen; gelb: Elektronenbahn; grün: elektrische Feldlinien; rot: magnetische Feldlinien

In Abbildung 2.3 ist dies am Beispiel eines planaren Magnetrons dargestellt. Da die Elektronendichte direkt über der Targetoberfläche durch das Magnetfeld erhöht wird, steigt die Ionisierungswahrscheinlichkeit der Neutralteilchen. Die Plasmadichte über der Targetoberfläche steigt. Eine Auswirkung der höheren Plasmadichte ist, dass auch ein niedrigerer Arbeitsdruck möglich ist. Daduch besitzen die gesputterten Teilchen eine größere mittlere freie Weglänge. Somit steigt die Anzahl und die mittlere kinetische Energie der auf das Substrat auftreffenden Teilchen. Weitere Vorteile des Magnetron-Sputterns gegenüber einem Sputterprozess ohne Magnetfeldunterstützung sind außerdem der verringerte Elektronenbeschuss des Substrates und eine geringere Entladungsspannung [13], [10]. Ein Nachteil der Magnetfeldunterstützung ist allerdings die verringerte Targetausnutzung. An der Stelle, an der das Magnetfeld und das elektrische Feld senkrecht zueienander stehen, ist die höchste Plasmadichte und damit der größte Abtrag. Es entsteht ein Erosionsgraben. Da durch den stärkeren Abtrag der Abstand der Targetoberfläche zu den Magneten an dieser Stelle schneller abnimmt, steigt auch die Magnetfeldstärke über der Targetoberfläche an dieser Stelle am schnellsten an. Zusätzlich ist der Einfallswinkel der Ionen flacher. Dadurch verstärkt sich der Effekt des ungleichmäßigen Targetabtrages weiter.

c) Reaktives Sputtern

Das reaktive Sputtern ist eine Sonderform des Sputterns, bei dem neben dem Sputtergas (beispielsweise Argon) noch ein Reaktivgas (beispielsweise Sauerstoff oder Stickstoff) eingelassen wird [13]. Hauptvorteile sind eine hohe Beschichtungsrate und die Möglichkeit, Schichtmaterialien abzuscheiden, die nur schwer oder gar nicht als Verbindung hergestellt werden können [10].

Beim reaktiven Sputtern reagieren die Gasatome mit den gesputterten Targetatomen und bilden eine Verbindungsschicht. Dies geschieht vorzugsweise als Reaktion auf Festkörperoberflächen, kann aber auch als Reaktion in der Gasphase ablaufen. Da diese Abscheidung von isolierenden Reaktionsprodukten jedoch nicht nur auf dem gewünschten Substrat stattfindet, sondern überall, ergeben sich mehrere signifikante Probleme [15]:

- Durch die Bedeckung der Anode kommt es zu einem lokal stark unterschiedlichen Stromfluss hin zur Anode. Daraus resultiert eine ungleiche Verteilung der Plasmadichte. Dies führt zu einem inhomogenen Beschichtungsprozess, der bis zu einem Erlöschen der Entladung führen kann.
- Durch die Bedeckung des Targets mit isolierenden Schichten und der Aufladung dieser Schichten aufgrund des Beschusses mit positiven Ionen kommt es zu einem elektrischen Durchschlag und daraus zu Bogenentladungen (Arcing). Diese können größere Targetbestandteile (mehrere Atome bis Mikrometergroße Stücke) herauslösen und Richtung Substrat befördern. Das kann zu Schichtdefekten führen, die unter Umständen bis zur Zerstörung der Funktion der Schichten reichen kann.
- Ebenfalls durch die Bedeckung des Targets stellt sich ein neues Gleichgewicht zwischen abgesputterten Teilchen, abgeschiedenen Reaktionsprodukten und

Sekundärelektronenausbeute ein. Aufgrund der meist (wesentlich) geringeren Sputterausbeute des Reaktionsproduktes ist dies gleichbedeutend mit einer Verringerung der Sputterrate gegenüber dem rein metallischen Sputtern.

Das erste Problem lässt sich durch die Verwendung einer "versteckten" Anode bzw. der Verwendung des bipolaren Pulsmodus vermindern bzw. verhindern (siehe Abschnitte 3.1 bzw. 3.2). Die Bogenentladungen können durch Verwendung des uni- oder des bipolaren Pulsmodus bzw. durch ein geeignetes Arc-Handling verringert werden (Abschnitt 3.2). Der letzte Punkt kann durch eine geeignete Prozessregelung (teilweise) ausgeglichen werden, wie sie in Abschnitt 3.3 beschrieben ist.

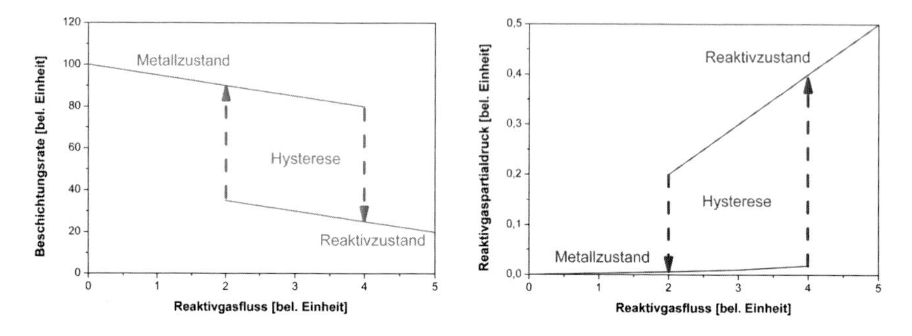

Abbildung 2.4: Schematisches Hysterese-Verhalten von Beschichtungsrate und Reaktivgaspartialdruck in der Reaktionskammer beim reaktiven Sputtern in Abhängigkeit vom Reaktivgasfluss (nach [10])

Eine Schwierigkeit bei der Prozessregelung ist das Hystereseverhalten des Reaktivprozesses [10], [15]. Das Prinzip ist in Abbildung 2.4 am Beispiel der Beschichtungsrate und des Reaktigaspartialdruckes dargestellt. Ausgehend vom metallischen Sputtern wird bei zunehmendem Reaktivgaseinlass zunächst das Reaktivgas durch Stöße mit dem abgesputterten Targetmaterial und durch Reaktion mit der Targetoberfläche vollständig umgesetzt. Dabei existiert ein Gleichgewicht zwischen Targetbedeckung mit Reaktivprodukten und deren Abtrag. Daraus resultiert der niedrige Reaktivgaspartialdruck bei vergleichsweise hohem Gasfluss. Dieser Zustand wird auch als metallischer Zustand bezeichnet. Steigt der Reaktivgasfluss weiter an, kann nicht mehr das gesamte Reaktivgas gebunden werden. Der Partialdruck wächst und es kommt zu vermehrten Stoßprozessen der Reaktivgasteilchen mit der Targetoberfläche und der Implantation dieser Teilchen in die oberen Atomlagen des Targetmaterials. Die daraus folgende niedrigere Sputterrate führt zu einer Verstärkung des Effektes, bis sich ein neuer Gleichgewichtszustand ausgebildet hat. Das Target ist vollständig mit den Reaktionsprodukten bedeckt. Dieser Reaktivzustand ist gekennzeichnet durch eine niedrige Sputterrate, einen niedrigen Reaktivgasverbrauch und einen hohen Reaktivgaspartialdruck. Wie in Abbildung 2.4 dargestellt ist der Übergang zwischen beiden Zuständen sprungartig.

Um wieder in den metallischen Zustand zu kommen, muss der Reaktivgasfluss soweit reduziert werden, dass die Sputterrate der Verbindungsschicht größer ist als ihre Bildungsrate. Da durch das Absputtern der Verbindungsschicht die metallische Targetoberfläche freigelegt wird und diese eine höhere Sputterrate aufweist, werden wieder mehr Reaktivgasteilchen durch abgesputterte Targetatome gebunden. Der Effekt verstärkt sich selbst, bis sich wieder ein Gleichgewichtszustand, der Metallzustand, eingestellt hat. Aufgrund der niedrigeren Sputterrate der Verbindungsschicht ist der Reaktivgasfluss, bei dem dieser Effekt auftritt, geringer als der, der für den Übergang vom metallischen in den reaktiven Zustand notwendig ist.

2.2 Schichtwachstum

Für praktische Anwendungen ist die Kenntnis wichtig, welche Prozesse am Substrat ablaufen und wie sich diese auf das Schichtwachstum und die Schichteigenschaften auswirken. Durch Änderung der Prozessbedingungen lässt sich das Wachstumsverhalten beeinflussen und dadurch die für die Anwendung gewünschten Schichteigenschaften einstellen.

Der Beginn des Schichtwachstums findet allgemein in den folgenden Schritten statt [16]:

1. Adsorption der eintreffenden Teilchen an der Substratoberfläche (oder Implantation bei höheren Teilchenenergien);
2. Oberflächendiffusion und Bildung von Clustern;
3. Wachstum der instabilen Cluster bis über eine kritische Größe, Bildung von stabilen Keimen;
4. Wachstum der Anzahl und Größe der Keime bis zu einer Sättigungskeimdichte;

5. Koaleszenz der Keime;

6. Bildung einer durchgängigen Schicht und weiteres Schichtwachstum.

Zur Beschreibung der Strukturen der entstehenden Schichten wurden verschiedene Modelle entwickelt. Ein weithin anerkanntes Modell ist das in Abbildung 2.5 dargestellte Strukturzonenmodell von Thornton [17]. Es baut auf dem 3-Zonen-Modell von Movchan und Demchishin auf [18]. In ihm wird der Zusammenhang zwischen dem Sputterdruck bzw. der Temperatur (als Verhältnis Substrattemperatur T zu Schmelztemperatur T_m) und dem resultierenden Schichtwachstum dargestellt. Das Modell ist in vier Zonen eingeteilt. Die Zonen unterscheiden sich hinsichtlich ihres vorherrschenden Wachstumsverhaltens und der resultierenden Schichten:

- Zone 1 tritt bei niedrigen relativen Substrattemperaturen T/T_m und moderatem bis hohem Sputterdruck p auf. Sie ist gekennzeichnet durch geringe Oberflächenmobilität der Adatome. Dadurch kommt es zu starken Abschattungseffekten und es bildet sich eine poröse Struktur von nadelförmigen Kristalliten mit sehr hoher Oberflächenrauheit aus.

- Zone T tritt bei etwas höheren Temperaturen T, also einem höheren Verhältnis T/T_m bzw. bei niedrigem Druck p auf. Bei niedrigerem Druck p nimmt sie einen zunehmenden Teil des Bereichs der Zone 1 ein. Sie ist gekennzeichnet durch ein dichtes, faserförmiges Gefüge und eine sehr geringe Oberflächenrauheit.

- Zone 2 tritt bei erhöhtem Temperaturverhältnis T/T_m auf. Sie ist gekennzeichnet durch eine erhöhte Oberflächenmobilität und ein kolumnares Gefüge.

- Zone 3 ist die letzte Zone vor der Schmelze. Sie ist durch ein rekristallisiertes Gefüge mit großen Körnern gekennzeichnet.

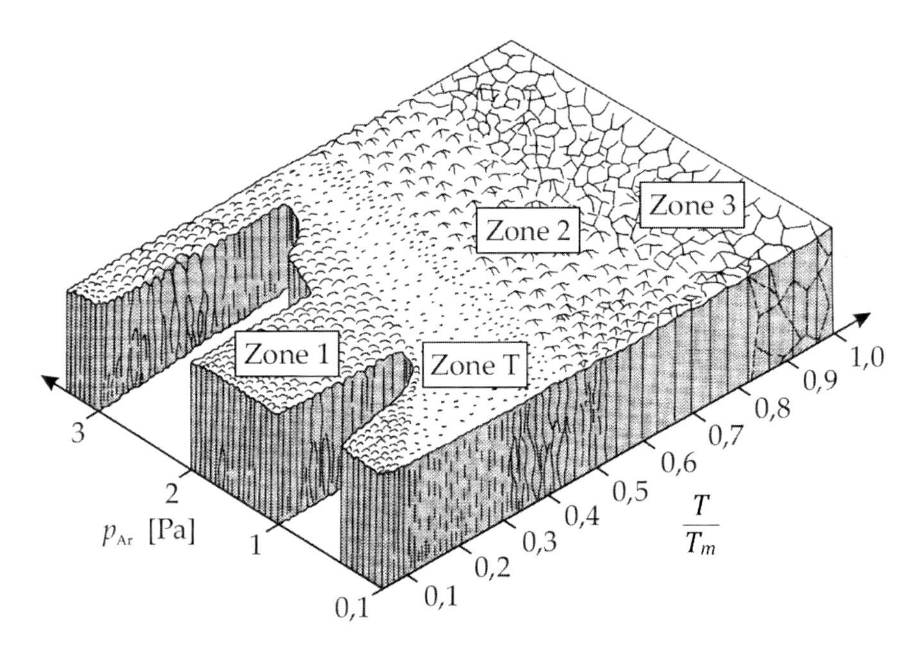

Abbildung 2.5: Strukturzonenmodell für abgeschiedene Dünnschichten nach Thornton (nach [19])

Die Weiterentwicklung von Thorntons Strukturzonenmodell durch Messier et al. berücksichtig neben der Temperatur auch die Beweglichkeit der Adatome als wesentlichen Parameter (Abbildung 2.6) [20]. Dieser Parameter wird durch die mittlere kinetische Energie der auftreffenden Teilchen dargestellt, repräsentiert durch die mittlere Teilchengeschwindigkeit v_s. Er wird durch den Druck beeinflusst, da bei niedrigerem Druck die Teilchen eine größere mittlere freie Weglänge besitzen. Somit haben sie auf dem Substrat einen gerichteteren Einfall mit höherer mittlerer Teilchenenergie. Dementsprechend wird auch in Messiers Modell der Übergang der Zonen 1 und T bei höheren Teilchenenergien (z.B. durch veringerten Druck) zu niedrigeren T/T_m-Verhältnissen verschoben. Aufgrund des allgemeineren Charakters der Teilchenenergie eignet sich dieses Modell besser für die Betrachtung des Schichtwachstums im Sputterprozess.

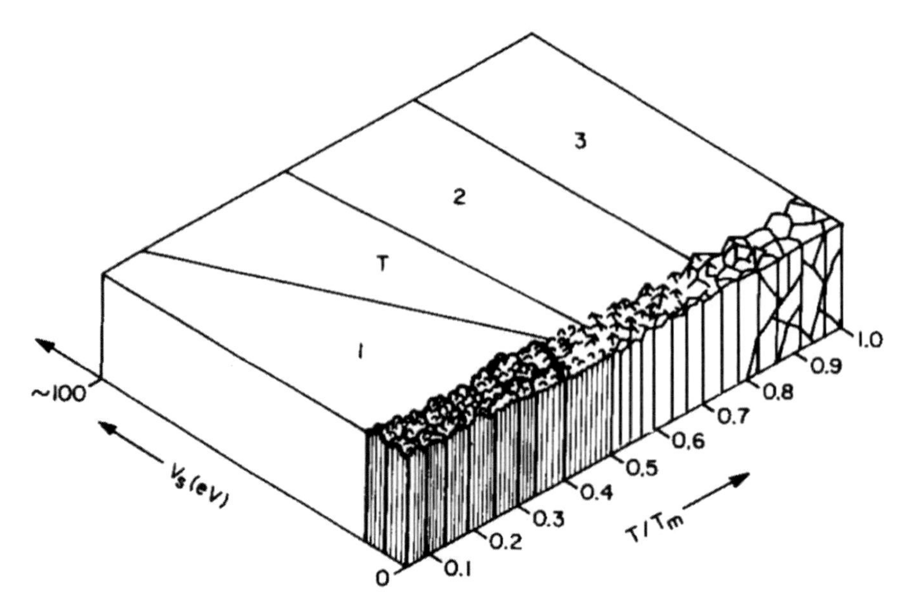

Abbildung 2.6: Strukturzonenmodell nach Messier (aus [20])

2.3 Piezoelektrischer Effekt

Der direkte piezoelektrische Effekt wurde 1880 von den Brüdern Jaques und Pierre Curie entdeckt [21]. Im darauffolgenden Jahr wurde von Lippman der indirekte piezoelektrische Effekt aufgrund thermodynamischer Prinzipien vohergesagt [22]. Im selben Jahr gelang den Brüdern Curie der Nachweis dieses Effektes [23]. Der direkte piezoelektrische Effekt beschreibt die Entstehung einer internen Polarisation bzw. elektrischer Ladungen an der Oberfläche aufgrund einer Verformung des Materials [1], [24], [25]. Der indirekte piezoelektrische Effekt beschreibt die durch ein äußeres elektrisches Feld verursachte Deformation des Materials.

Der piezoelektrische Effekt kann allgemein durch

$$P_i = P_i^0 + \sum_{jk} d_{ijk} T_{jk} \tag{2.8}$$

beschrieben werden [24]. Dabei ist P_i die Komponente des Polarisationsvektors, P_i^0 die spontane Polarisation und T_{jk} eine Komponente des Spannungstensors. Die Koeffizienten d_{ijk} sind die piezoelektrischen Koeffizienten.

Analog dazu kann der indirekte piezoelektrische Effekt durch

$$S_{jk} = S_{jk}^0 + \sum_{i} d_{ijk} E_i \tag{2.9}$$

beschrieben werden [24]. Dabei ist S_{jk} eine Komponente des Dehnungstensors, S_{jk}^0 die spontane Verformung und E_i das elektrische Feld.

Zur besseren Übersicht werden die piezoelektrischen Koeffizienten d_{ijk} nach der in DIN EN 50324 1 [26] aufgeführten und in Abbildung 2.7 gezeigten Indizierung durchnummeriert. Die Koeffizienten vereinfachen sich dabei von d_{ijk} zu $d_{i\lambda}$ mit $i = 1, 2, 3$ und $\lambda = 1, ..., 6$. Die Komponenten von T_{jk} vereinfachen sich zu T_λ, wobei $\lambda = 1, 2, 3$ die Normalkomonenten und $\lambda = 4, 5, 6$ die Scherkomponenten darstellen. Analog kann mit S_{jk} verfahren werden.

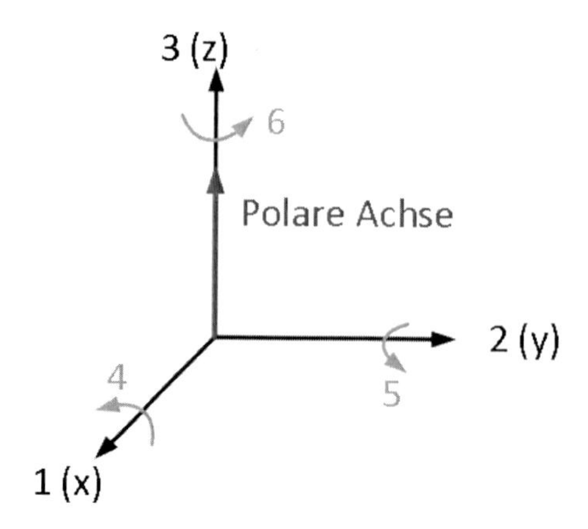

Abbildung 2.7: Koordinatensystem (nach [26])

Die Gleichungen (2.8) und (2.9) lassen sich somit zu

$$P_i = P_i^0 + \sum_{\lambda} d_{i\lambda} T_{\lambda} \tag{2.10}$$

und

$$S_{\lambda} = S_{\lambda}^0 + \sum_{i} d_{i\lambda} E_i \tag{2.11}$$

vereinfachen.

Aluminiumnitrid kristallisiert in der in Abbildung 2.8 gezeigten hexagonalen Wurtzitstruktur [27], [28]. Die Raumgruppe ist $P6_3mc$. Die Gitterparameter der Elementarzelle werden üblicherweise für a mit 3,11 Å (auch Werte von 3,07 Å bis 3,14 Å) und für c mit 4,98 Å (auch Werte von 4,93 Å bis 5,03 Å) angegeben [28]. Die polare Achse entspricht der c-Achse und erhält im verwendeten kartesischen Koordinatensystem die Richtung 3. Eine übliche Größe zur Bewertung des piezoelektrischen Effektes ist der piezoelektrische Koeffizient d_{33}. Für Aluminiumnitrid mit guter Struktur werden im Allgemeinen Werte zwischen 5 pC/N und 6,7 pC/N angegeben [28], [29], [30].

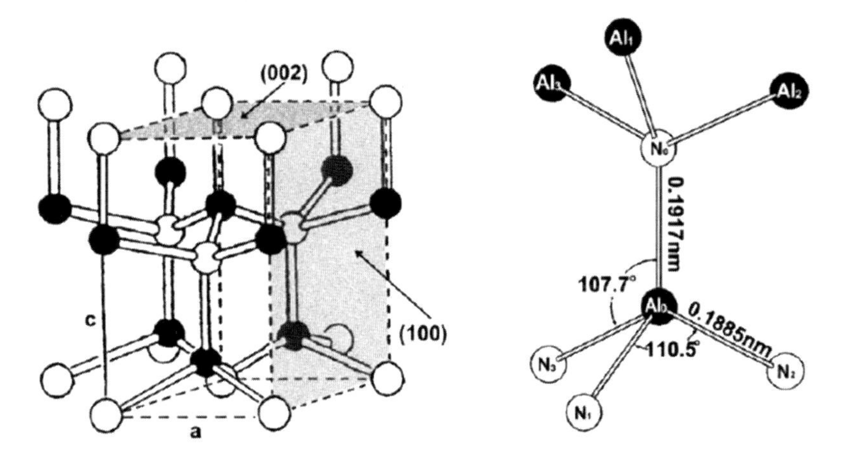

Abbildung 2.8: Darstellung der hexagonalen Wurtzitstruktur von AlN (aus [31])

3 Experimenteller Aufbau

Die Beschichtungsversuche zur Abscheidung von Aluminiumnitrid wurden mit einem Doppel-Ring-Magnetron-System DRM 400 durchgeführt, wobei zwei Clusteranlagen genutzt wurden. Im folgenden Kapitel werden das Magnetron-System, die Pulsstromversorgung und die beiden Clusteranlagen näher beschrieben.

3.1 Doppel-Ring-Magnetron

Das Doppel-Ring-Magnetron DRM 400 ist eine Eigenentwicklung des Fraunhofer-Institutes für Elektronenstrahl- und Plasmatechnik FEP. Es wird für die großflächige, homogene Beschichtung in einer stationären Anordnung mit einem reaktiven Sputterprozess genutzt. Sein Aufbau und die Funktionsweise sowie die grundlegenden Charakterisierungen der Einstellmöglichkeiten im reaktiven Sputterprozess sind ausführlich in [11] beschrieben. Daher wird an dieser Stelle nur eine kurze Zusammenfassung des Aufbaus und der wichtigsten Eigenschaften gegeben.

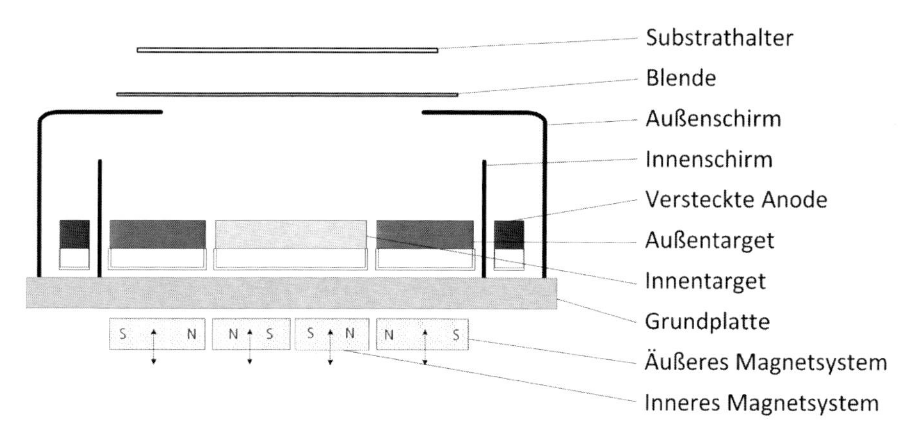

Abbildung 3.1: Aufbau des Doppel-Ring-Magnetrons DRM 400 (nach [32])

In Abbildung 3.1 ist der prinzipielle Aufbau des Doppel-Ring-Magnetrons DRM 400 gezeigt. Es ist eine Sputterquelle mit zwei Ringtargets, einem Außen- und einem Innentarget. Beide sind galvanisch voneinander getrennt. Dadurch ist es möglich, die Entladungsparameter beider Targets, insbesondere die Leistungen, getrennt voneinander zu messen und zu regeln. Durch die Überlagerung der beiden Entladungen lassen sich so sehr gute Schichtdickenhomogenitäten über einen großen Beschichtungsbereich von bis zu 200 mm Durchmesser erreichen (Abbildung 3.2).

Durch die separate Einstellung des Leistungsverhältnisses beider Targets lässt sich zudem die resultierende Schichtzusammensetzung beim Co-Sputtern von zwei verschiedenen Targetmaterialien gezielt einstellen. Die erreichbaren Schichtdicken und Schichtzusammensetzungen variieren in diesem Fall jedoch etwas über den Beschichtungsradius. Für eine homogene Abscheidung von Mischschichten über einen großen Bereich sind Legierungstargets vorteilhafter. Deren Nachteil ist allerdings die feste Einstellung der Zusammensetzung.

Die versteckte Anode wird für den unipolaren Betriebsmodus der Quelle benötigt (Näheres dazu in Abschnitt 3.2). Das verfahrbare Magnetsystem hinter den Targets ermöglicht einen Ausgleich der durch Targeterosion entstehenden Veränderungen in den Entladungsbedingungen. Durch die Nachführung bleibt das Magnetfeld an der Targetoberfläche konstant. Die Blende sorgt dafür, dass beim Einschalten und Einstellen des Prozesses, während noch nicht die endgültigen Prozessbedingungen erreicht sind, keine Abscheidung auf dem Substrat erfolgt.

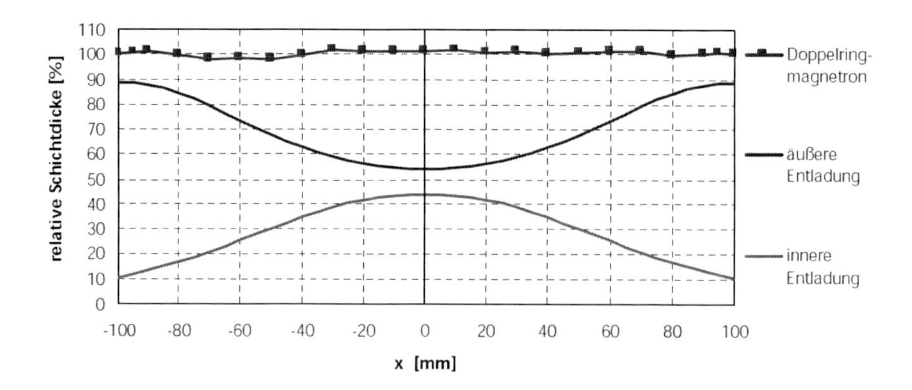

Abbildung 3.2: Überlagerung der konzentrischen Enladungen beider Targets in einem DRM 400 nach [11]

3.2 Pulsstromversorgung

Der gepulste Betrieb der Magnetrons wird durch die Verwendung eines zweikanaligen Pulsgenerators vom Typ UBS-C2 mit zwei angeschlossenen DC-Sputterstromversorgungen gewährleistet. Der Pulsgenerator UBS-C2 (Unipolar/ Bipolar Switching Unit) ist eine Eigenentwicklung des Fraunhofer FEP und vom Typ her ein Rechteckstrompulser. Die verwendeten DC-Sputterstromversorgungen sind vom Typ Pinnacle 20 kW (für das Außentarget) bzw. 12 kW (für das Innentarget) der Firma Advanced Energy. Für die in dieser Arbeit durchgeführten Versuche war die Pulsfrequenz immer 50 kHz.

Durch diesen Aufbau ist es möglich, das DRM 400 im unipolaren oder im bipolaren Pulsmodus zu betreiben. Das Prinzip beider Betriebsarten ist in Abbildung 3.3 schematisch dargestellt. Im unipolaren Pulsmodus wird an beide Targets eine negative, gepulste Spannung angelegt. Die Anode, die gegen beide Targets geschaltet ist, befindet sich "versteckt" zwischen Innen- und Außenschirm und damit außerhalb des Entladungsraums (siehe Abbildung 3.1). Dadurch wird die Bedeckung der Anode mit Reaktionsprodukten verringert. Im bipolaren Pulsmodus wird keine separate Anode benötigt. Die beiden Targets fungieren abwechselnd als Katode und als Anode. Wenn ein Target als Katode geschaltet ist, ist das zweite die zugehörige Anode. In der Anodenphase bedeckt sich das Target dabei mit Reaktionsprodukten, welche in der folgenden Katodenphase wieder abgesputtert werden. Dadurch wird das Problem der Anodenbedeckung vermieden bzw. verringert.

Ein weiterer Vorteil der UBS-C2 liegt in der Behandlung der Problematik des Arcings. Die durch die Bedeckung des Targets auftretenden Bogenentladungen können erkannt und unterdrückt werden. Dies geschieht durch permanente Überwachung der Entladungsparameter und kurzzeitige Unterbrechung der gesamten Entladung, falls eine Bogenentladung detektiert wird.

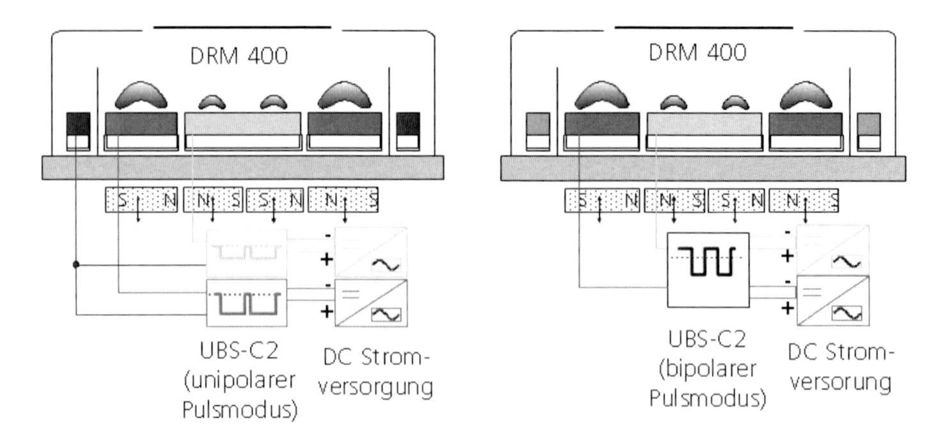

Abbildung 3.3: Prinzipdarstellung des unipolaren (links) bzw. bipolaren Pulsmodus (rechts) beim Doppel-Ring-Magnetron-Sputtern am Beispiel des DRM 400 (nach [32])

Beide Pulsmodi unterscheiden sich hinsichtlich ihrer Plasmaeigenschaften grundlegend (Tabelle 3.1). Der unipolare Pulsmodus weist einen vergleichsweise moderaten Teilchenbeschuss auf das Substrat auf. Im Vergleich dazu zeigt der bipolare Pulsmodus einen wesentlich stärkeren Beschuss des Substrates mit energiereichen Teilchen. Eine ausführlichere Beschreibung der Pulsmodi und ihrer Eigenschaften findet sich in [11].

Tabelle 3.1: Plasmaparameter beim Doppel-Ring-Magnetron-Sputtern im unipolarem und im bipolarem SiO_2-Prozess (7,5 kW) nach [33]

Pulsmodus	Unipolar	Bipolar
Plasmadichte [1/cm^3]	$1{,}8 \cdot 10^{10}$	$11 \cdot 10^{10}$
Elektronentemperatur [eV]	10	6
Thermische Substratbelastung [W/cm^2]	0,15	0,75

Eine weitere Möglichkeit, das DRM 400 mit der UBS-C2 zu betreiben, ist der Puls-Mischmodus, auch "gepulste Anode" genannt. Dieser Modus ist eine Kombination des unipolaren und des bipolaren Pulsmodus. Während des bipolaren Betriebs wird periodisch die Anode zugeschaltet. Durch einen periodisch stattfindenden schnellen Wechsel zwischen den beiden Pulsmodi können die Prozessparameter im Bereich zwischen beiden Einzel-Pulsmodi eingestellt werden. Dies geschieht durch Variation des Zeitanteils des jeweiligen Pulsmodus in einer Periode. Die Periodendauer beträgt 1 ms.

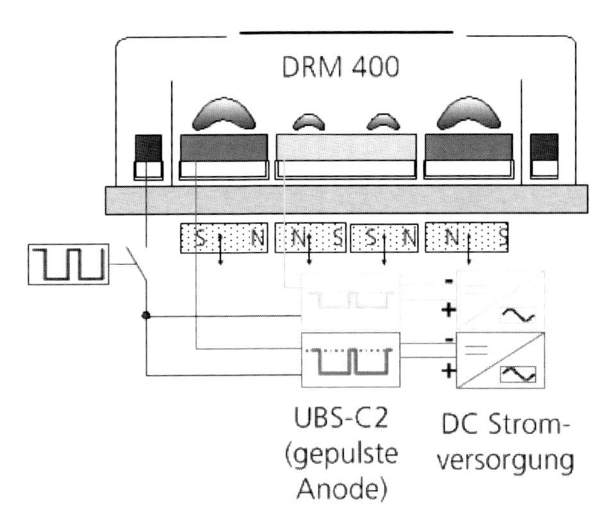

Abbildung 3.4: Prinzipdarstellung des Puls-Mischmodus (gepulste Anode) beim doppel-Ring-Magnetron-Sputtern am Beispiel des DRM 400

3.3 Prozessregelung im Übergangsbereich

Der reaktive Sputterprozess weist üblicherweise ein ausgeprägtes Hystereseverhalten zwischen dem metallischen und dem reaktiven Zustand auf (siehe Abschnitt 2.1.2). Der metallische Zustand ist durch die Abscheidung von unterstöchiometrischen Schichten bei hoher Abscheiderate [34], der reaktive Zustand hingegen durch die Abscheidung von stöchiometrischen Verbindungsschichten bei vergleichsweise niedriger Abscheiderate gekennzeichnet. Für industrielle Anwendungen ist jedoch meist eine Abscheidung von stöchiometrischen Verbindungsschichten bei möglichst hoher Beschichtungsrate gefordert [15]. Es wurden verschiedene Möglichkeiten entwickelt, diese Anforderungen zu erfüllen, beispielsweise durch Anpassung der Saugleistung des Vakuumsystems, durch Trennung des Sputter- und Reaktivbereiches oder durch optische Monitorierung des Plasmas [15], [34], [35].

Eine andere Möglichkeit ist, den Prozess im sogenannten Übergangsbereich zu betreiben [11]. Der Übergangsbereich ist der instabile Bereich zwischen Metall- und

Reaktivzustand. In ihm lassen sich unterstöchiometrische bis vollständig stöchiometrische Schichten bei vergleichsweise hohen Beschichtungsraten abscheiden. Dieser Bereich ist als instabil anzusehen, da schon durch einen geringen lokalen Überschuss an Reaktivprodukten der Targetbedeckungsgrad steigt. Dadurch nimmt der Reaktivgaspartialdruck zu, so dass der Targetbedeckungsgrad noch weiter anwächst, bis es zu einer vollständigen Bedeckung des Targets kommt (siehe Abschnitt 2.1.2). Für einen stabilen Betrieb im Übergangsbereich muss daher der Targetbedeckungsgrad konstant gehalten und kleine Schwankungen durch eine Regelung ausgeglichen werden.

Die in dieser Arbeit verwendete Regelung beruht auf dem Zusammenhang zwischen der Plasmaimpedanz, dem Reaktivgasfluss und dem Targetbedeckungsgrad. Die ausführliche Beschreibung der Regelung findet sich in [11], so dass hier nur eine kurze Zusammenfassung gegeben wird.

Es ist möglich, durch Monitorierung der Impedanz und Regelung des Reaktivgaszuflusses einen konstanten Targetbedeckungsgrad zu erreichen. Die Abhängigkeit der Katodenspannung U eines Einzeltargets mit dem Targetbedeckungsgrad θ und der Leistung P lässt sich durch

$$U(\theta) = \sqrt{P \cdot R_{met} \cdot (1 - \theta) + P \cdot R_{reak} \cdot \theta} \qquad (3.1)$$

beschreiben. Dabei sind R_{met} und R_{reak} die jeweiligen Impedanzen im metallischen und reaktiven Zustand. Da der Targetbedeckungsgrad θ vom Reaktivgasfluss fl_{rea} abhängt, kann bei vorgegebener Katodenspannung durch Regelung des Reaktivgaseinlasses eine konstante Leistung vorgegeben werden. Der Zusammenhang zwischen Reaktivgasfluss und Katodenspannung ist in Abbildung 3.5 am Beispiel eines Al-Targets bei konstanter Leistung und O_2/Ar-Atmosphäre dargestellt. Es existiert bei vorgegebener Katodenspannung und -leistung genau ein zugehöriger Sauerstofffluss.

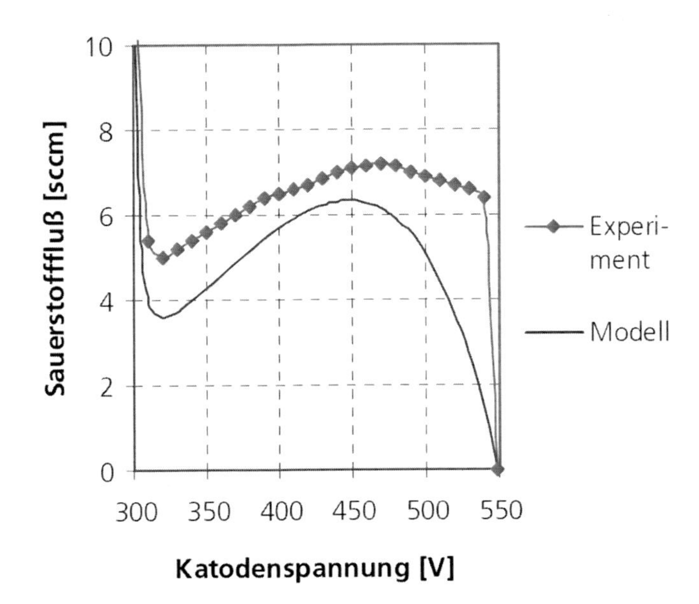

Abbildung 3.5: Abhängigkeit des Sauerstoffflusses von der Katodenspannung beim Betrieb eines Al-Innentargets in dem DRM 400 (konstante Leistung 1 kW, Sauerstoff als Reaktivgas, aus [11])

Für den Betrieb als Doppelring-Magnetron sind beide Entladungen als gekoppelt anzusehen, da eine Trennung der Arbeits- und Reaktivgashaushalte nicht durchführbar ist. Die separate Regelung beider Targets auf den gleichen Bedeckungsgrad ist somit unmöglich. Es konnte jedoch gezeigt werden, dass die Entladung des Innentargets an die Entladung des Außentargets gekoppelt ist [11]. Dadurch stellt sich bei einer Regelung des Außentargets am Innentarget immer ein zugehöriges, stabiles Gleichgewicht ein. Eine Einstellgröße des Innentargets ist die Leistung. Durch sie kann Einfluss auf die Schichthomogenität genommen werden und lässt sich beim Co-Sputtern die Schichtzusammensetzung beeinflussen.

Die Impedanzregelung ist jedoch keine allgemein gültige Möglichkeit zur Prozessstabilisierung im Übergangsbereich [11]. Es existieren Materialien, für die diese Art der Regelung nicht funktioniert. Ein Beispiel ist das reaktive Sputtern von TiO_2. Der Zusammenhang zwischen Reaktivgasfluss und Katodenspannung ist nicht umkehrbar eindeutig. Es besteht aber die Möglichkeit, durch optische Monitorierung des Plasmas den Reaktivgasfluss zu regeln und so eine stabile Regelung im Übergangsbereich zu realisieren. Da die Abscheidung von Aluminiumnitrid durch Impedanzregelung funktioniert, wird an dieser Stelle nicht näher darauf eingegangen.

3.4 Vakuumbeschichtungsanlagen

Die Experimente innerhalb dieser Arbeit wurden in zwei am Fraunhofer FEP vorhandenen Vakuumbeschichtungsanlagen durchgeführt. Dies war zum Einen eine Anlage vom Typ D0020 der Firma FHR Anlagenbau, Ottendorf-Okrilla und zum Anderen vom Typ CS 300S der Firma Von Ardenne Anlagentechnik, Dresden. Beides sind Clusteranlagen. Eine Clusteranlage besteht im einfachsten Fall aus einer Prozesskammer und einer Schleusenkammer. Üblicherweise existieren aber noch weitere Kammern, beispielsweise zur Substratvorbehandlung oder bei mehreren Prozesskammern eine Handlerkammer [12]. Ein großer Vorteil von Clusteranlagen ist, dass für den Substratwechsel nur die Schleusenkammer belüftet werden muss. Dadurch bleiben die restlichen Kammern immer unter Vakuumbedingungen. Des Weiteren muss für den Substratwechsel nur ein kleineres Volumen belüftet und wieder abgepumpt werden, was zu einer Steigerung des Durchsatzes führt.

Die beiden verwendeten Clusteranlagen sind schematisch in Abbildung 3.6 dargestellt. Die D0020 ist eine Vier-Kammeranlage. Sie besteht aus zwei Prozessstationen mit je einer DRM 400, einer zentralen Handlerkammer mit Substrattellerablage und einer Schleusenkammer mit einem HF-Ätzer für Substratreinigung. Sie besitzt drei getrennte Vakuumsysteme mit jeweils eigener Turbomolekular- und Vorpumpe: je ein System für die Prozesskammern und ein gemeinsames System für die Schleusen- und Handlerkammer. Im Gegensatz dazu ist die CS 300S eine Zwei-Kammeranlage, bestehend aus einer Prozess- und einer Schleusenkammer. Die Schleusenkammer besitzt eine linear verfahrbare Handlergabel, mit der die Substratteller zwischen beiden Kammern transportiert werden können. Die Substratreinigung erfolgt in der Prozesskammer. Das Vakuum-System der Anlage besteht aus einer Turbomolekular-Pumpe an der Prozesskammer und einer Vorvakuumpumpe, welche die Turbomolekular-Pumpe und die Schleusenkammer evakuiert.

Der Druck in den Prozesskammern vor Beginn der Beschichtungen betrug in beiden Anlagen 10^{-6} mbar.

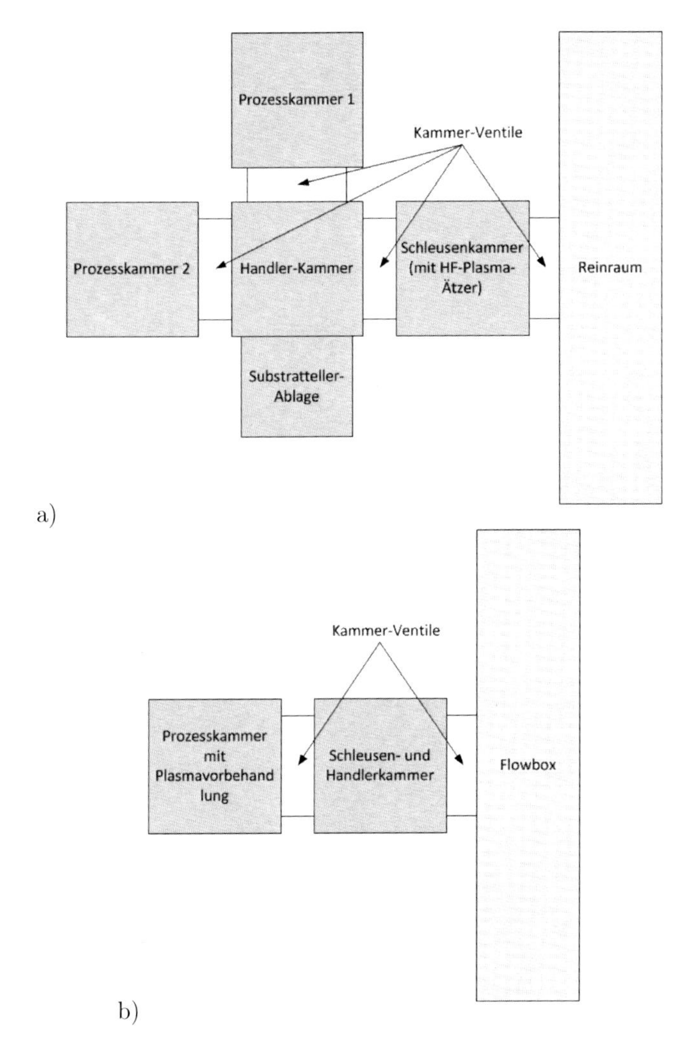

Abbildung 3.6: Aufbau der für die Untersuchungen in dieser Arbeit verwendeten Clusteranlagen, a) D0020 (FHR Anlagenbau), b) CS 300S (Von Ardenne Anlagentechnik)

4 Methoden der Schichtcharakterisierung

Zur Charakterisierung der Eigenschaften abgeschiedener Schichten wurden verschiedene Messmethoden verwendet. Diese Methoden sollen an dieser Stelle kurz vorgestellt und beschrieben werden. Da die Messverfahren in der Literatur ausführlich behandelt werden (z.B. [36], [37]), soll an dieser Stelle nur eine kurze Übersicht gegeben werden.

4.1 Bestimmung der piezoelektrischen Konstante

Zur Bewertung der piezoelektrischen Eigenschaften wurde der piezoelektrische Koeffizient d_{33} gewählt. Er beschreibt die Längenänderung parallel zur polaren Achse und zum angelegten elektrischen Feld beziehungsweise die Ladungsänderung durch Anlegen einer Kraft. Die Messung erfolgte an einem Berlincourt-Meter, genauer dem PiezoMeter-System PM300 der Firma Piezotest. Der Aufbau ist schematisch in Abbildung 4.1 gezeigt. Das Messprinzip ist eine Vergleichsmessung mit einer Referenzprobe mit bekannter piezoelektrischer Konstante $d_{33,Ref}$.

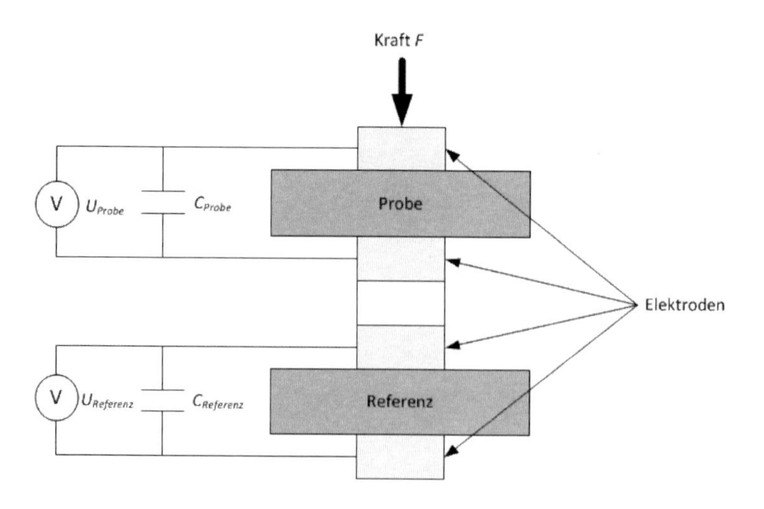

Abbildung 4.1: Schematischer Aufbau des Berlincourt-Meters PM300 (Fa. Piezotest)

An die zu vermessende Probe und Referenzprobe wird eine alternierende Kraft $\vec{F}$ angelegt. Aus der Verformung der Probe resultiert, wie in Abschnitt 2.3 beschrieben, eine Ladung Q_{Probe} in der Form:

$$Q_{Probe} = d_{33} \cdot \mid \vec{F} \mid . \tag{4.1}$$

Durch die Ladung wird ein Kondensator mit der Kapazität C_{Probe} aufgeladen, dessen Spannung U_{Probe} gemessen wird. Der Zusammenhang ist nach [1] gegeben durch:

$$Q_{Probe} = C_{Probe} \cdot U_{Probe}. \tag{4.2}$$

Analog gilt für die Referenzprobe:

$$Q_{Ref} = C_{Ref} \cdot U_{Ref}. \tag{4.3}$$

Da auf beide Proben die gleiche Kraft F wirkt, gilt:

$$F = \frac{Q_{Probe}}{d_{33,Probe}} = \frac{Q_{Ref}}{d_{33,Ref}} \tag{4.4}$$

Aus den Gleichungen (4.2) bis (4.4) folgt für $C_{Probe} = C_{Ref}$:

$$d_{33,Probe} = d_{33,Ref}\frac{Q_{Probe}}{Q_{Ref}} = d_{33,Ref}\frac{U_{Probe}}{U_{Ref}}. \tag{4.5}$$

Die Messungen in dieser Arbeit wurden mit einer Messfrequenz von 110 Hz und einer Kraft von 0,25 N durchgeführt.

Eine typische Teststruktur ist in Abbildung 4.2 dargestellt. Auf einem polierten und oxidierten Si-Wafer wurde durch maskierte Beschichtung eine Al-AlN-Al-Teststruktur aufgebracht. Die beiden Aluminium-Elektroden wurden für die elektrische Kontaktierung im PiezoMeter genutzt. Der Durchmesser der gegenüberliegenden, kreisförmigen Elektrodenflächen betrug 10 mm. Der Durchmesser der AlN-Maskierung war mit 13 mm größer, um die durch die Maske verursachten Abschattungseffekte auszugleichen und einen Kurzschluss der beiden Elektrodenflächen zu verhindern.

Der beschriebene Aufbau konnte darüber hinaus in der Impuls-Echo-Messung (siehe Abschnitt 4.2) verwendet werden.

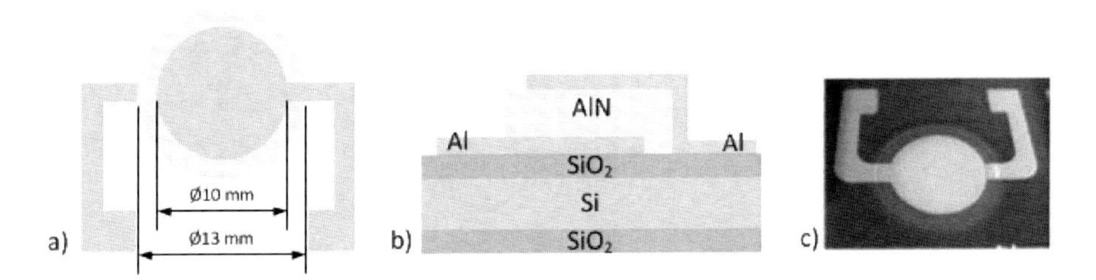

Abbildung 4.2: Layout einer typischen Teststruktur piezoelektrischer AlN-Schichten auf einem voroxidierten Si-Wafer, a) Draufsicht, b) Querschnitt, c) Foto

4.2 Impuls-Echo-Verfahren

Im Impuls-Echo-Verfahren wird der in Abbildung 4.2 gezeigte AlN-Schwinger als Ultraschall-Sender und -Empfänger genutzt [38], [39]. An die Probe wird für die

Dauer von 1,4 ns ein Spannungsimpuls von -143 V angelegt. Die durch diesen Impuls ausgelöste Schallwelle breitet sich durch das Substrat (hier Silizium) aus und wird an den Grenzflächen reflektiert. Die reflektierte Welle verursacht eine Verformung in der AlN-Schicht, die als elektrisches Signal detektiert wird. Der Abstand des Maximums V_{max} und Minimums V_{min} des Signals der ersten reflektierten Welle wird als Puls-Echo-Amplitude V_{pk-pk} bezeichnet:

$$V_{pk-pk} = V_{max} + \mid V_{min} \mid . \tag{4.6}$$

Ein Dual-Pulser-Receiver DPR 500 (Fa. JSR Ultrasonics, Pittsford USA) erzeugt den Initialimpuls. Die Messung erfolgt durch eine Digitizer Card Aquarius U1071 A (Fa. Agilent Technologies, Böblingen). Die Verstärkung des Receiver-Signals erfolgt mit 10 dB. Die maximal messbare Spannung der Karte bei 0 dB beträgt 5 V. Als Vorlauf für den Messbeginn wurden 350 ns gewählt, um den durch den Pulser angeregten Initialimpuls auszublenden. Es wurde zusätzlich ein Frequenzfilter für Frequenzen unter 30 MHz und über 500 MHz angewendet.

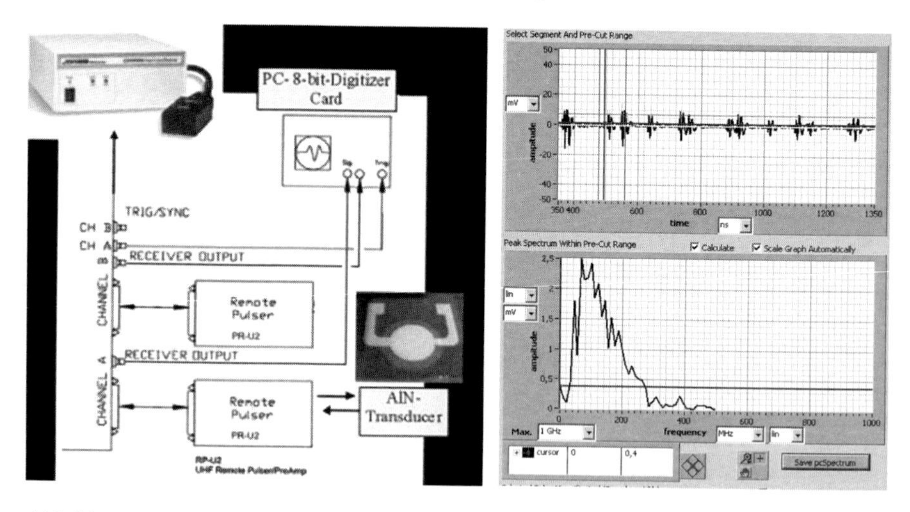

Abbildung 4.3: Messaufbau und Messwertanzeige (mit Laufzeit und Frequenzspektrum) des verwendeten Impuls-Echo-Verfahrens zur Bewertung der Ultraschallschwinger nach [38]

4.3 Schichtspannungsbestimmung

Die Bestimmung der Schichtspannungen erfolgte durch die Methode der Waferdurchbiegung nach Stoney [40]. Ein Silizium-Wafer (Durchmesser 4") wurde in einem Tastschnittgerät P15-LS (Fa. Tencor, Milpitas USA) in zwei Richtungen (parallel und senkrecht zur Fase des Wafers) vermessen und dabei die Vorbiegung mit dem Radius R_{vor} festgestellt. Im Anschluss an die Beschichtung wurde an derselben Position nochmals die Durchbiegung R_{nach} bestimmt. Die mittlere mechanische Spannung σ in der Schicht ergibt sich nach [40] zu:

$$\sigma = \frac{1}{6}(\frac{1}{R_{nach}} - \frac{1}{R_{vor}})\frac{E_{Substrat}}{(1-\nu_{Substrat})}\frac{d^2_{Substrat}}{d_{Schicht}} \tag{4.7}$$

wobei E der Elastizitätsmodul, ν die Querkontraktionszahl und d die jeweiligen Dicken sind. Ein positives Vorzeichen der Spannung bedeutet, dass in der Schicht Zugspannungen existieren. Dementsprechend bedeutet ein negatives Vorzeichen Druckspannungen in der Schicht.

4.4 Rasterelektronenmikroskop (REM)

Das Rasterelektronenmikroskop (REM) wurde zur Bewertung der Schichtoberflächen und des Schichtwachstums genutzt. Das REM ist in der Literatur ausführlich beschrieben, z.B. in [1], [36], so dass an dieser Stelle nicht näher darauf eingegangen wird. Das verwendete REM ist ein Gerät vom Typ SU8000 der Firma Hitachi.

Die Ionenpräparationen zur Untersuchung der Korngrößen und des Kornwachstums wurden an einem Cross-Section-Polisher SM-09010 der Firma Jeol durchgeführt.

4.5 Röntgenbeugung

Die Röntgenbeugung (engl.: X-ray Diffraction, XRD) ist ein zerstörungsfreies Prüfverfahren, das Aussagen über den Aufbau kristalliner Materialien erlaubt [36]. Es beruht auf der Tatsache, dass einfallende Röntgenstrahlung an den einzelnen Atomen eines kristallinen Materials gebeugt werden (siehe Abbildung 4.4).

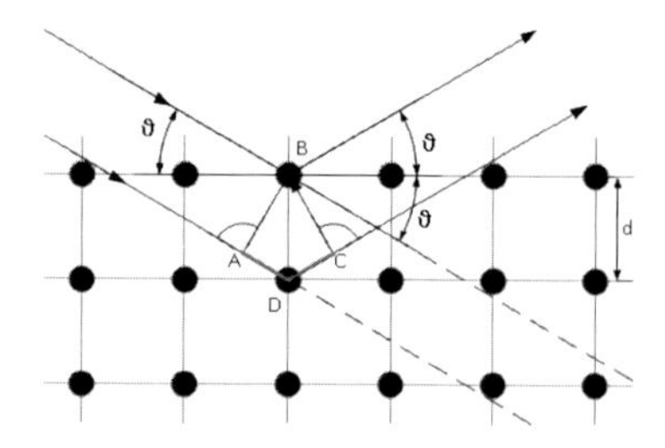

Abbildung 4.4: Schema zur Erklärung der Röntgenbeugung (nach [36])

Dadurch kommt es zu Interferenzen, die unter der Bedingung:

$$n \cdot \lambda = \overline{ADC} \tag{4.8}$$

zu einer konstruktiven Interferenz, also einem maximalem Signal, führen. Dabei ist n eine ganze natürliche Zahl, λ die Wellenlänge der Röntgenstrahlung und $\overline{ADC}$ die Strecke zwischen den Punkten A, D und C. Diese Strecke kann zu:

$$\overline{ADC} = 2d \sin \vartheta \tag{4.9}$$

umgeformt werden. Dabei ist ϑ der Einfalls- bzw. Reflexionswinkel der Röntgenstrahlung an den Atomen und d der Netzebenenabstand des Kristalls. Die resultierende Bragg-Gleichung hat daher die Form:

$$n \cdot \lambda = 2d \sin \vartheta \tag{4.10}$$

Neben den Netzebenenabständen lassen sich noch weitere Informationen gewinnen. Bei bekannten Materialien können beispielsweise Verschiebungen in den Maxima der Peaks auf innere Spannungen hindeuten, da diese zu einer Änderung der Netzebenenabstände führen. Auch kann aus der Halbwertsbreite (FWHM, Full Width at Half Maximum) der Peaks Rückschlüsse auf die Anzahl an Gitterdefekten gezogen werden. Je größer die Halbwertsbreite, desto größer ist die Streuung der Netzebenenabstände.

4.6 Aktive Thermosonde

Die aktive Thermosonde der Firma Neoplas misst den durch den Beschichtungsprozess verursachten Energiefluss in Richtung Substrat (siehe Abbildung 4.5). Durch eine externe Heizung wird das Thermoelement der Sonde auf eine vorgegebene Temperatur geheizt. Die Sondenfläche beträgt 49 mm^2. Im beschichtenden Plasma heizt sich die Sondenoberfläche durch den Beschuss mit energiereichen Teilchen und den Reaktionen auf der Oberfläche während des Prozesses auf. Jetzt wird durch aktive Regelung die Heizleistung P entsprechend verringert, um eine konstante Temperatur der Sondenfläche zu gewährleisten. Die durch die Heizleistung vorgegebene Temperatur der Sonde bei ausgeschaltetem Prozess muss daher größer als die Aufheizung durch den Prozess sein. Aufgrund dieses Zusammenhanges kann die durch den Prozess eingetragene Energie durch die Änderung der Heizleistung ausgedrückt werden. Die Zeit, die nötig ist, um den Gleichgewichtszustand zu erreichen, kann reduziert werden, da der zeitliche Temperaturverlauf mittels Regression durch eine Funktion der Form

$$P = P_0 + A \cdot \exp(-t/t_1) \tag{4.11}$$

abgebildet werden kann. Die durch Regression bestimmbaren Parameter sind die Zeitkonstante t_1, die Gleichgewichtsleistung P_0 und der Leistungsfaktor A.

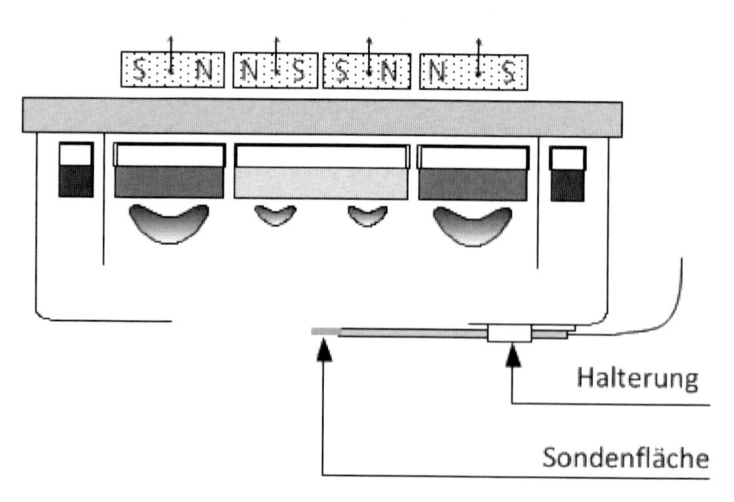

Abbildung 4.5: Prinzipbild der Anordnung der aktiven Thermosonde in der DRM 400

In Abbildung 4.5 ist die Anordnung der Thermosonde in der DRM 400 dargestellt. Die Sonde wurde elektrisch isoliert an der Dampfstromblende befestigt. Da die Targets der DRM 400 einen ringförmigen Aufbau besitzen, wird als Koordinatensystem für die Position der Thermosonde ein radiales Koordinatensystem verwendet. Als Mittelpunkt wird die Mitte der DRM 400 (gleichbedeutend mit der Mitte des Substrathalters) verwendet. Die Messposition der Sonde befand sich direkt unter der Mitte der DRM 400 und hatte einen Target-Substrat-Abstand von 80 mm. Die Regelung befand sich außerhalb der Vakuumkammer.

5 Einfluss der Prozessparameter auf die Schichteigenschaften

Um Aluminiumnitrid (AlN) mit guten piezoelektrischen Eigenschaften zu erhalten, muss es entsprechend Abschnitt 2.3 eine ausgeprägte Wurtzit-Struktur besitzen. Die zu erzielende Struktur entspricht der Zone T des Strukturzonenmodells von Messier et. al (Abbildung 2.6) [20].

Der verwendete Prozess nutzt das in Kapitel 3 beschriebene Doppel-Ring-Magnetron-System DRM 400. Es wurde ein im Übergangsbereich betriebener, reaktiver Magnetron-Sputter-Prozess von metallischen Aluminiumtargets genutzt. Als Sputtergas wurde Argon, als Reaktivgas Stickstoff verwendet. Dadurch bieten sich vielfältige Möglichkeiten der Prozesskontrolle. In diesem Kapitel werden die relevanten Parameter vorgestellt und ihre Auswirkungen auf die Schichteigenschaften untersucht. Die verwendete Regelungsart ist die in Abschnitt 3.3 beschriebene Impedanzregelung.

Der DRM-Prozess für die AlN-Abscheidung kann durch folgende Parameter beeinflusst werden:

- Pulsmodus,
- Leistungen der beiden Targets,
- Katodenspannung am Außentarget,
- Prozessdruck.

Weitere Parameter, wie beispielsweise das Leistungsverhältnis zwischen den Targets oder der Target-Substrat-Abstand, werden konstant gehalten. Die Targetleistungen werden auf das in [11] beschriebene Verhältnis von ungefähr 5:1 gesetzt, um in einem weiten Bereich eine möglichst gute Homogenität der Schichtdickenverteilung zu erzielen. Der Target-Substrat-Abstand wurde möglichst klein gehalten, was bei der genutzten Hardwarekonfiguration einem Wert von 90 mm entspricht. Dies wirkt sich ebenfalls positiv auf die Homogenität, die Verteilung der Beschichtung und die Schichteigenschaften aus [11].

Untersucht werden sollen die Auswirkungen der Prozessparameter auf die Schichtbildung, die piezoelektrischen Eigenschaften und die mechanischen Schichtspannungen der abgeschiedenen Schichten sowie die Abscheiderate. Weitere Aspekte der Untersuchungen sind die Homogenität und Reproduzierbarkeit der Beschichtungen, der Einfluss des Substrates sowie der Einfluss von Heizvorgängen und erhöhten Temperaturen nach der Beschichtung auf die Schichteigenschaften.

5.1 Pulsmodus und Leistung

Wie in Abschnitt 3.2 beschrieben wurde, kann der Sputterprozess mit dem DRM 400-System unipolar oder bipolar betrieben werden,was sich sehr stark auf die Plasmaeigenschaften auswirkt. Gemäß [11] weist der unipolare Prozess im Vergleich zum bipolaren Prozess, bei ansonsten gleichen Parametern, eine geringere thermische Substratbelastung und geringere mittlere Teilchenenergie auf. Dementsprechend müssen, für ein vergleichbares Schichtwachstum, die Prozessparameter im unipolaren Pulsmodus bei vergleichsweise höheren Leistungen und niedrigerem Druck angesetzt werden.

5.1.1 Unipolarer Pulsmodus

Zur Abscheidung der gewünschten Struktur im unipolaren Pulsmodus betrug die Leistung 10 kW im Außentarget und 2 kW im Innentarget. Dies wird im Weiteren mit 10+2 kW abgekürzt. Bei anderen Leistungen erfolgt die Bezeichnung dementsprechend, beispielsweise 5+1 kW. Aufgrund von Hardware-Beschränkungen sind diese 10+2 kW die maximal einspeisbare Leistung.

Abbildung 5.1 zeigt REM-Aufnahmen bzw. XRD-Diagramme von AlN-Schichten, die bei niedrigem Druck und unterschiedlichen Leistungen abgeschieden wurden. Sie belegen, dass bei niedrigerer Leistung (6+1,35 kW) nicht nur die gewünschte dichte Wurtzit-Struktur auftritt. Neben den dichten und kleinen Kristalliten mit (001)-Orientierung entstehen auch große, grobe Körner mit anderer Orientierung und anderem Aufbau. Diese Schichten sind nur schwach oder gar nicht piezoelektrisch aktiv und daher für Anwendungen nicht geeignet. Im Gegensatz dazu bestehen die Schichten bei hoher Leistung (10+2 kW) und niedrigem Druck fast ausschließlich aus den dichten Kristalliten mit der gewünschten Orientierung. Sie weisen einen piezoelektrischen Koeffizienten d_{33} von mehr als 6 pC/N auf. Die in Abbildung 5.1d sichtbaren Anteile mit anderer Orientierung sind nur noch sehr gering vorhanden. Durch Druckminderung lassen sie sich noch weiter reduzieren bzw. vollständig verhindern. Dadurch kann der Piezokoeffizient weiter erhöht werden. Der Bereich für weitere Druckreduzierungen, ohne dass der Prozess instabil wird bzw. zusammenbricht, ist jedoch sehr begrenzt. Dies wird näher in Abschnitt 5.3 betrachtet. Die Targetleistungen von 10+2 kW sind damit nicht nur die obere Grenze aufgrund der Anlagenhardware, sondern sollten auch nicht unterschritten werden.

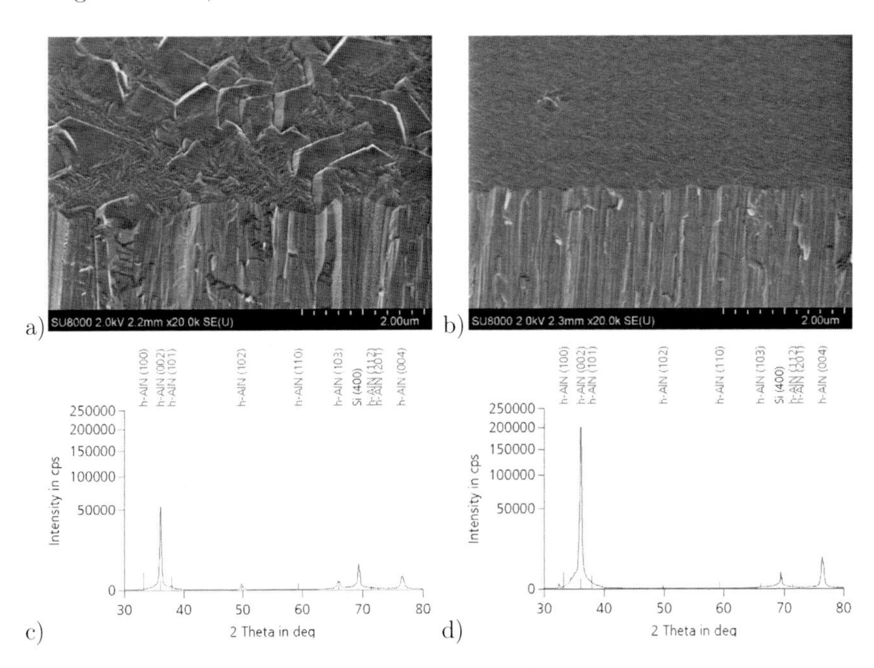

Abbildung 5.1: a, b) REM-Aufnahmen und c, d) XRD-Diagramme von 10 µm dicken, unipolar abgeschiedenen AlN-Schichten bei einem Sputterdruck von 0,25 Pa und Targetleistungen von a, c) 6+1,25 kW und b, d) 10+2 kW (Erstveröffentlichung in [33])

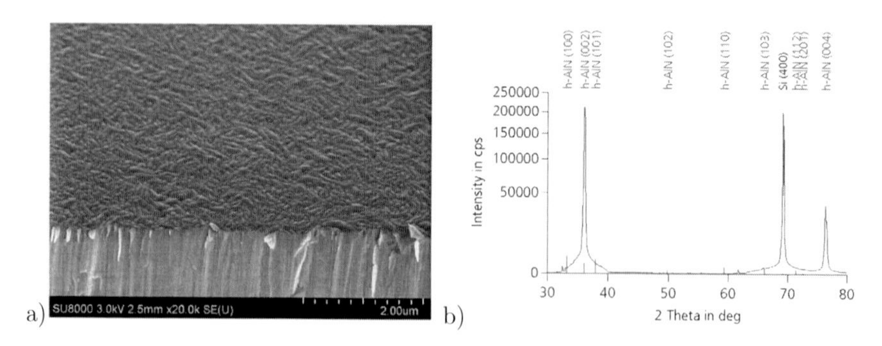

Abbildung 5.2: a) REM-Aufnahme und b) XRD-Diagramm von 10 µm dickem, bipolar abgeschiedenem AlN bei einem Sputterdruck von 0,7 Pa und Targetleistungen von 5+1 kW (Erstveröffentlichung in [33])

5.1.2 Bipolarer Pulsmodus

Der Substratbeschuss ist im bipolaren Pulsmodus im Vergleich zum unipolaren Pulsmodus wesentlich höher. Dadurch erhöht sich bei vergleichbaren Prozessparametern das Verhältnis T/T_m bei gleicher mittlerer kinetischer Energie der Adatome. Für die Abscheidung von piezoelektrischen Schichten im bipolaren Pulsmodus sind daher ein höherer Sputterdruck bzw. niedrigere Targetleistungen notwendig. Dies zeigt sich in Abbildung 5.2, bei der die gewünschte Struktur schon bei einer Leistung von 5 kW am Außentarget und 1 kW am Innentarget sowie einem Sputterdruck von 0,7 Pa auftritt. Es sind noch vereinzelt Bereiche mit anderer kristallographischer Orientierung vorhanden. Der Piezokoeffizient d_{33} für diese Schichten beträgt 7 pC/N. Durch Anpassung des Arbeitspunktes (siehe Abschnitt 5.2) bzw. Verringerung des Druckes (siehe Abschnitt 5.3) lassen sich die Bereiche mit unerwünschter Orientierung weiter reduzieren. Eine höhere Teilchenenergie durch Leistungserhöhung bzw. Druckverringerung ist aber aufgrund der auftretenden Schichtspannungen nur in begrenztem Umfang möglich. Dies kann zu Schichtabplatzungen bzw. zur Zerstörung des Substrates führen (siehe Abschnitt 5.3 und Kapitel 6).

5.2 Katodenspannung

Die Prozessregelung im Übergangsbereich zwischen metallischem und reaktivem Zustand ist in Abschnitt 3.3 beschrieben. Durch Änderung der Katodenspannung kann der Targetbedeckungsgrad variiert werden. Bei niedrigeren Katodenspannungen ist der Anteil des Targets, der mit Reaktionsprodukten bedeckt ist, höher. Dadurch verändern sich die Prozessbedingungen, was sich auf die Schichteigenschaften auswirkt. So ist es beispielsweise möglich, die Stöchiometrie der Schichten von unterstöchiometrisch bis vollständig stöchiometrisch einzustellen. Alternativ können auch die Dichte oder die optischen Eigenschaften variiert werden. Die Entladung des Innentargets ist an die des Außentargets gekoppelt. Der Targetbedeckungsgrad des Innentargets ist dabei etwas größer als der des Außentargets [11], das Innentarget ist näher am reaktiven Bereich. Aufgrund dieser Koppelung wird die Katodenspannung des Außentargets als Größe für die Prozesssteuerung genutzt. Dementsprechend ist, sofern nicht explizit anders beschrieben, mit dem Begriff Katodenspannung beziehungsweise Spannung immer die Katodenspannung des Außentargets gemeint.

5.2.1 Unipolarer Pulsmodus

In Abbildung 5.3 ist das Verhältnis von Reaktivgas- zu Inertgasfluss in Abhängigkeit von der Katodenspannung des Außentargets für den unipolaren Pulsmodus dargestellt. Die Targetleistungen betrugen 10+2 kW und der Sputterdruck 0,17 Pa. Der Prozess arbeitet bei einer Katodenspannung zwischen 360 V und 420 V im Übergangsbereich. Bei kleineren Spannungen befindet er sich im reaktiven, bei höheren Spannungen im metallischen Bereich. Der Gasfluss im Übergangsbereich änderte sich mit sinkender Katodenspannung, also mit zunehmend reaktiver werdendem Prozess, von 15 sccm zu 18,5 sccm für Argon und von 39,8 sccm zu 38,5 sccm für Stickstoff.

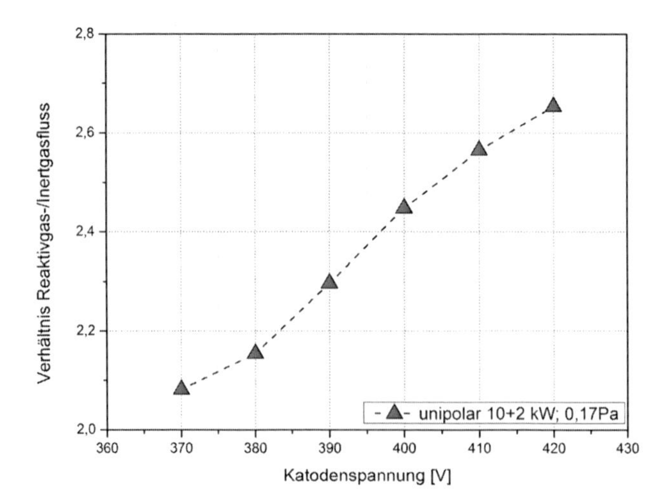

Abbildung 5.3: Verhältnis von Reaktivgas- zu Inertgasfluss beim reaktiven Magnetron-Sputtern im unipolaren Pulsmodus in Abhängigkeit von der Katodenspannung des Außentargets (Prozessparameter: unipolar 10+2 kW; 0,17 Pa)

In Abbildung 5.4 sind die Piezokoeffizienten d_{33} und die Abscheideraten R des unipolaren Prozess (Prozessparameter 10+2 kW, 0,17 Pa) bei verschiedenen Katodenspannungen dargestellt. Die Abscheiderate R ist bei niedrigerer Katodenspannung geringer als bei höherer Katodenspannung. Dieses Verhalten wurde in [11] bereits ausführlich beschrieben. Der Grund ist die wesentlich niedrigere Sputterrate im reaktiven Bereich im Vergleich zum metallischen Bereich. Bei niedrigeren Spannungen ist ein größerer Anteil des Targets mit Reaktionsprodukten bedeckt und die resultierende Abscheiderate dementsprechend geringer.

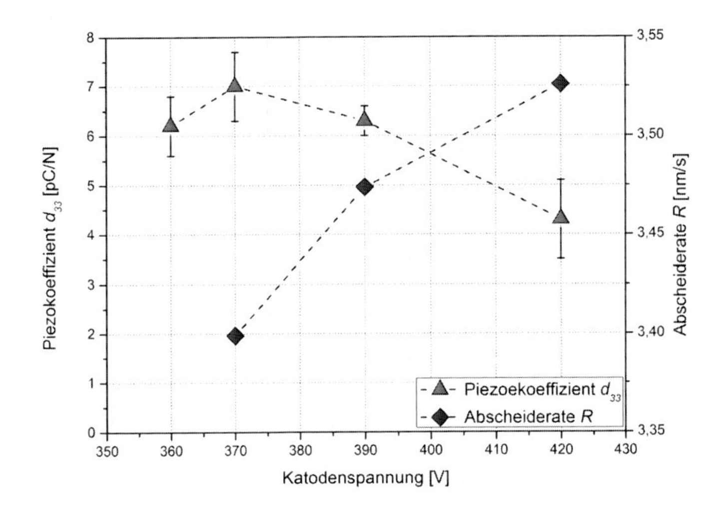

Abbildung 5.4: Abhängigkeit des Piezokoeffizienten d_{33} und der Abscheiderate R von der Katodenspannung des Außentargets im unipolaren Pulsmodus (Schichtdicke 10 µm, Prozessparameter: 10+2 kW, 0,17 Pa)

Die Piezokoeffizienten d_{33} der bei niedrigeren Katodenspannungen abgeschiedenen Schichten zeigen keine signifikanten Unterschiede zueinander. Bei einer Katodenspannung, die sehr nahe am metallischen Bereich ist, sind die gemessenen Piezokoeffizienten hingegen wesentlich niedriger. Die Zunahme des Piezokoeffizienten d_{33} mit abnehmender Katodenspannung wird durch die höhere Energie verursacht, die jedes auf das Substrat treffende Teilchen hat. Diese können dadurch günstigere Gitterplätze einnehmen. Die Schichten werden dichter und besitzen weniger Defekte. Bei noch höherer Teilchenenergie steigt die Defektdichte wieder an [41]. Durch den stärkeren Teilchenbeschuss werden Atome auf Zwischengitterplätzen implantiert. Bei noch höherer Ionenenergie kann es auch zur Zerstörung der kristallinen Struktur kommen [41], [42].

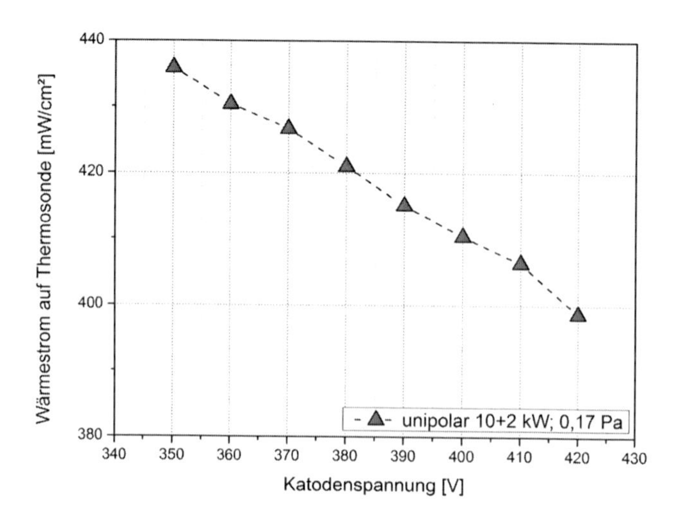

Abbildung 5.5: Messung des Energieeintrages auf die aktive Thermosonde (Messposition bei Radius 0 cm) in Abhängigkeit von der Katodenspannung (Prozessparameter: unipolar 10+2 kW; 0,17 Pa)

Der zunehmende Energieeintrag in die Schicht bei abnehmender Katodenspannung wird in Abbildung 5.5 deutlich. Der gemessene Energieeintrag steigt mit reaktiver werdendem Prozess an. Dies deckt sich mit den Ergebnissen, die in [11] bei der Bewertung der Abscheidung von Al und Al_2O_3 gemacht worden sind. Die Unterschiede zwischen dem metallischen und dem reaktiven Bereich werden dort mit den unterschiedlichen Elektronentemperaturen und Ionenstromdichten, sowie Reaktionsprozessen zwischen Aluminium- und Reaktivgasteilchen erklärt.

Da gleichzeitig durch die geringere Abscheiderate das Wachstum der Schicht langsamer verläuft, wird bei niedrigerer Katodenspannung wesentlich mehr Energie in die aufwachsende Schicht eingebracht.

5.2.2 Bipolarer Pulsmodus

In Abbildung 5.6 ist das Verhältnis von Reaktivgas- zu Inertgasflus in Abhängigkeit von der Katodenspannung des Außentargets für den bipolaren Pulsmodus dargestellt. Die Targetleistungen betrugen 5+1 kW, der Sputterdruck 0,7 Pa bei einem konstanten Argonfluss von 30 sccm. Der Prozess arbeitet bei einer Katodenspannung zwischen 260 V und 310 V im Übergangsbereich. Bei kleineren Spannungen befindet er sich im reaktiven, bei höheren Spannungen im metallischen Bereich.

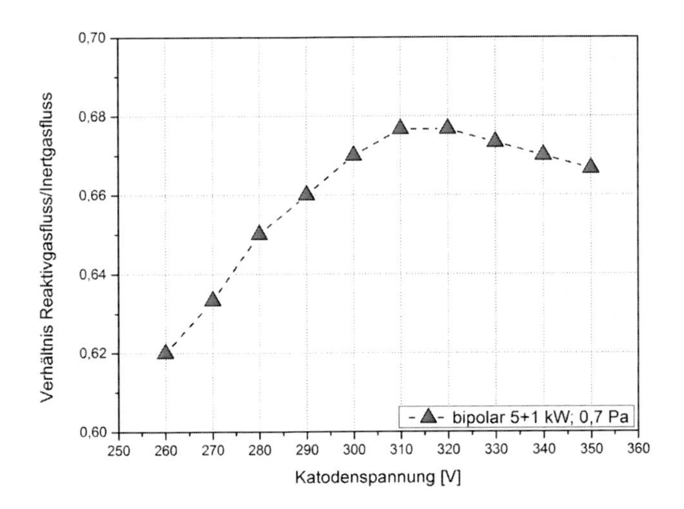

Abbildung 5.6: Verhältnis von Reaktivgas- zu Inertgasfluss beim reaktiven Magnetron-Sputtern im bipolaren Pulsmodus in Abhängigkeit von der Katodenspannung des Außentargets (Prozessparameter: 5+1 kW; 0,7 Pa; konstanter Argonfluss 30 sccm)

In Abbildung 5.7 sind der Piezokoeffizient d_{33} und die Abscheiderate R in Abhängigkeit von der Katodenspannung des Außentargets im bipolaren Prozess (Prozessparameter 5+1 kW; 0,7 Pa) aufgetragen. Das Verhalten beider Größen in Abhängigkeit der Katodenspannung ist qualitativ genauso wie im unipolaren Pulsmodus.

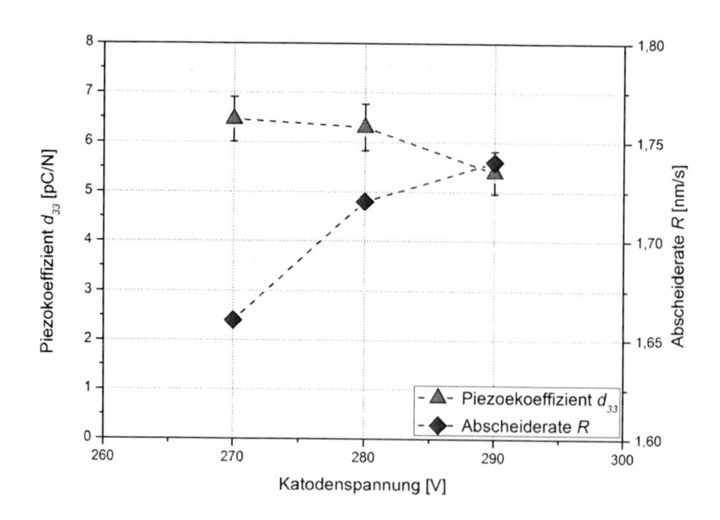

Abbildung 5.7: Abhängigkeit des Piezokoeffizienten d_{33} und der Abscheiderate R von der Katodenspannung des Außentargets im bipolaren Pulsmodus (Schichtdicke 10 µm; Prozessparameter: 5+1 kW; 0,7 Pa; konstanter Argonfluss 30 sccm)

In Abbildung 5.8 ist der Energieeintrag in die aufwachsende Schicht in Abhängigkeit von der Katodenspannung am Beispiel der Thermosondenmessung dargestellt. Deutlich sichtbar ist die Zunahme des Energieeintrages in die Schicht mit abnehmender Katodenspannung analog zum Verhalten im unipolaren Pulsmodus, jedoch mit einer im Vergleich stärkeren relativen Änderung. Im Vergleich mit dem unipolaren Prozess aus Abbildung 5.5 ist der Energieeintrag in die Schicht ca. dreimal so hoch. Ursache ist laut [11] der wesentlich stärkere Beschuss des Substrates mit energiereichen Ionen und Elektronen aufgrund der magnetischen Abschirmung der Anode im bipolaren Pulsmodus und dem niedrigeren Tastverhältniss gegenüber dem unipolaren Pulsmodus.

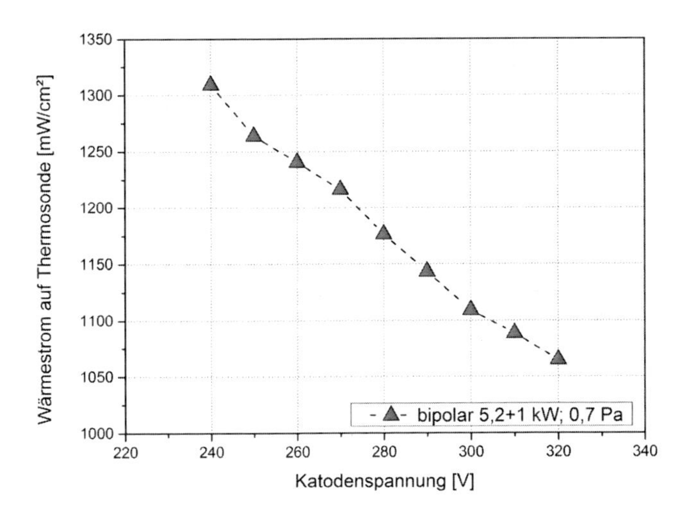

Abbildung 5.8: Messung des Energieeintrages auf die aktive Thermosonde (Messposition bei Radius 0 cm) in Abhängigkeit von der Katodenspannung (Prozessparameter: bipolar 5,2+1 kW; 0,7 Pa)

5.3 Sputterdruck

Die Änderung des Sputterdruckes ist eine weitere Möglichkeit, die Energie der auf das Substrat treffenden Al-Teilchen zu variieren. Durch Verringerung des Druckes erhöht sich die mittlere freie Weglänge der Teilchen, so dass die Stoßwahrscheinlichkeit auf dem Weg vom Target zum Substrat sinkt. Die Teilchen weisen somit bei niedrigerem Druck im Mittel einen gerichteteren Einfallswinkel auf und besitzen eine höhere kinetische Energie [43], [42].

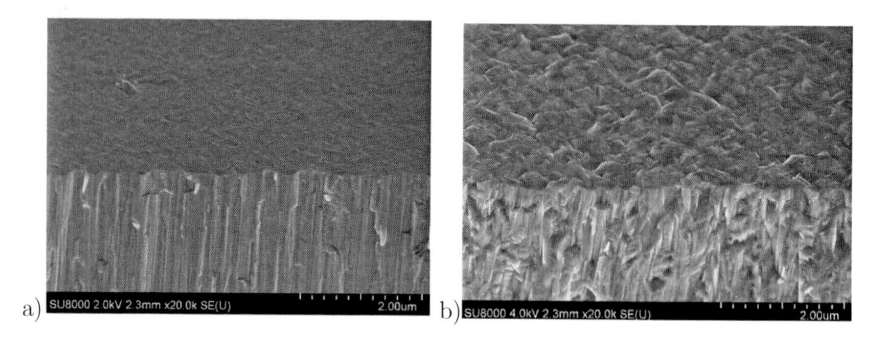

Abbildung 5.9: REM-Aufnahmen von unipolaren Schichten (Prozessparameter: Targetleistungen 10+2 kW; Katodenspannung 410 V) bei Sputterdrücken von a) 0,25 Pa und b) 0,35 Pa (Erstveröffentlichung in [33])

Dieser zusätzliche Freiheitsgrad kann im unipolaren Pulsmodus nur bedingt genutzt werden. Bei einem Sputterdruck von über 0,2 Pa entstehen auch Bereiche mit anderer als der gewünschten Struktur. Die entstehende Struktur entspricht bei zunehmendem Sputterdruck mehr der porösen Struktur von Zone 1 des Strukturzonenmodells von Abbildung 2.5. Deutlich wird dies in Abbildung 5.9. Dargestellt sind zwei unipolar, bei Prozessdrücken von 0,25 Pa und 0,35 Pa abgeschiedene Schichten. Die bei 0,25 Pa abgeschiedene Schicht (Abbildung 5.9a) ist noch piezoelektrisch aktiv, besitzt aber auch Anteile von Kristalliten mit anderer als der gewünschten Orientierung. Die bei höherem Druck abgeschiedene Schicht in Abbildung 5.9b ist hingegen piezoelektrisch inaktiv. Die obere Grenzen für den Sputterdruck beim unipolaren Prozess sollte deshalb bei 0,25 Pa, besser jedoch bei 0,2 Pa, liegen. Die untere Grenze des Prozesses wird durch die Stabilität der Entladung bestimmt. Bei Drücken von weniger als 0,15 Pa ist der Prozess nicht mehr stabil. Das Plasma erlischt.

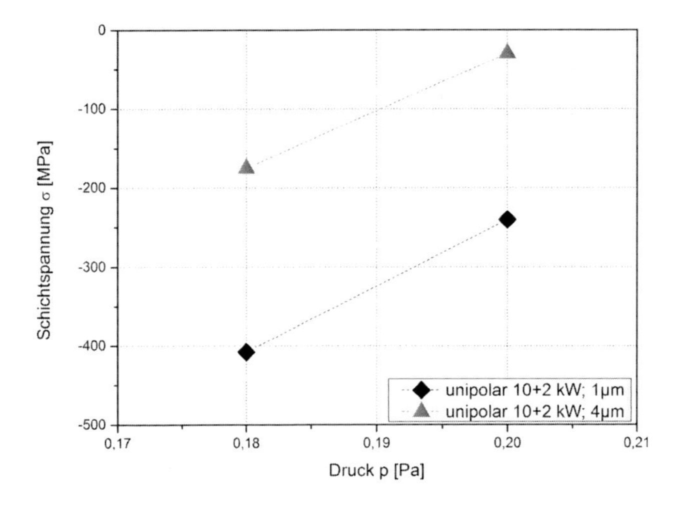

Abbildung 5.10: Schichtspannung von AlN auf Silizium im unipolaren Pulsmodus für verschiedene Schichtdicken und Prozessdrücke (Prozessparameter: Targetleistungen 10+2 kW; Katodenspannung 410 V)

In dem durch diese beiden Grenzen gegebenen Bereich können die Schichteigenschaften angepasst werden. Abbildung 5.10 zeigt die Änderung in den mechanischen Spannungen σ durch Variation des Sputterdrucks p und der Schichtdicke. Bei niedrigerem Sputterdruck besitzt die Schicht stärkere Druckspannungen. Gleiches gilt für niedrigere Schichtdicken. Die Schichtdickenabhängigkeit wird in Kapitel 6 näher betrachtet.

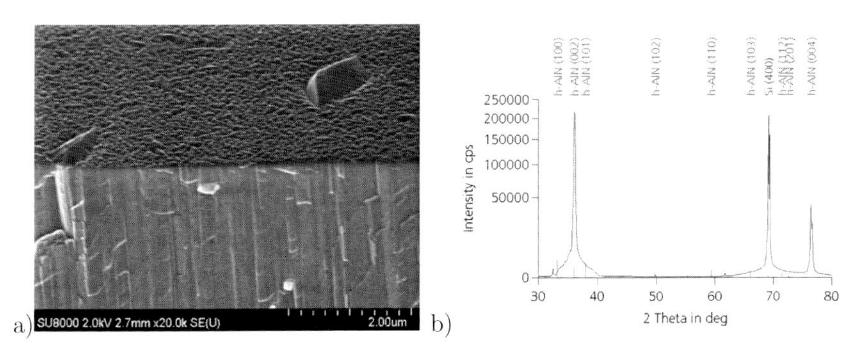

Abbildung 5.11: a) REM-Aufnahme und b) XRD-Diagramm einer 10 µm dicken AlN-Schicht im bipolaren Pulsmodus (Prozessparameter 5+1 kW, 270 V und 0,85 Pa)

Im bipolaren Pulsmodus zeigt sich eine ähnliche Abhängigkeit. Der mögliche Druckbereich ist dort im Gegensatz zum unipolaren Pulsmodus aber wesentlich größer, da auch bei vergleichsweise hohen Sputterdrücken von über 0,7 Pa noch piezoelektrisch aktive Schichten abgeschieden werden können. Abbildung 5.11 zeigt Eigenschaften einer 10 µm dicken AlN-Schicht bei einem Druck von 0,85 Pa. Die Bereiche mit anderer als der gewünschten Orientierung sind als größere Körner in Abbildung 5.11a und zusätzliche Peaks in Abbildung 5.11b deutlich sichtbar. Diese Probe zeigt dennoch einen sehr guten Piezokoeffizienten d_{33} von über 6 pC/N. Als obere Begrenzung im bipolaren Pulsmodus bei Targetleistungen von 5+1 kW kann daher ein Sputterdruck von ca. 0,75 Pa bis 0,8 Pa angesehen werden. Die untere Begrenzung ist in der Hauptsache durch die zunehmenden Druckspannungen in den abgeschiedenen Schichten gegeben.

In Abbildung 5.12 sind die Schichtspannungen von 10 µm dicken, bipolar abgeschiedenen Schichten bei unterschiedlichen Sputterdrücken dargestellt. Analog zum Verhalten im unipolaren Pulsmodus (siehe Abbildung 5.10) zeigen sich bei niedrigerem Sputterdruck höhere Druckspannungen. Bei zu hohen Schichtspannungen entstehen Risse und Schichtabplatzungen. Die Höhe der Spannungen ist aber neben dem Sputterdruck von weiteren Einflüssen, wie beispielsweise der Dicke der AlN-Schicht oder dem Substratmaterial, abhängig (siehe Kapitel 6).

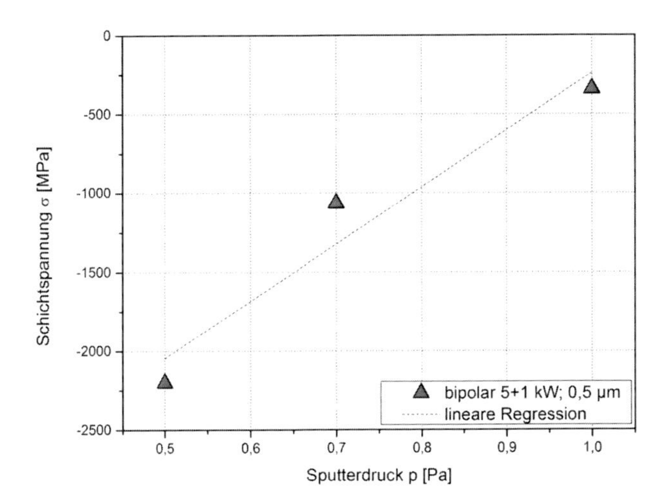

Abbildung 5.12: Schichtspannung von Aluminiumnitrid, abgeschieden auf Silizium im bipolaren Pulsmodus (Prozessparameter: 5+1 kW; 290 V; Schichtdicke 0,5 µm) in Abhängigkeit vom Prozessdruck

Die Druckabhängigkeit der mechanischen Schichtspannungen kann durch die höhere kinetische Energie der einfallenden Teilchen erklärt werden. Es existieren dabei zwei gegenläufige Effekte:

- Erhöhung der Dichte der Schicht und Einbau von Atomen auf Zwischengitterplätzen in die Schicht. Dies verursacht Druckspannungen in den Schichten. Bei höherer Energie der eintreffenden Teilchen können diese in die Schicht eingebaut werden, anstatt sich an der Oberfläche in energetisch günstige Positionen anzulagern. Auch können die schon vorhandenen Schichtatome durch Impulsübertragung von den eintreffenden Teilchen aus ihren energetisch günstigen Gitterpositionen verschoben werden. Dieser Effekt der höheren Teilchenenergie ist unter dem Namen "Atomic Peening" (auch: "Ionic Peening") bekannt [43], [42].

- Erhöhung des thermischen Energieeintrages in die Schicht. Dadurch besitzen die Atome mehr Energie, um sich auf energetisch günstigere Plätze zu bewegen. Zusätzlich kann ein Teil der Defekte in der aufwachsenden Schicht wieder ausheilen [20].

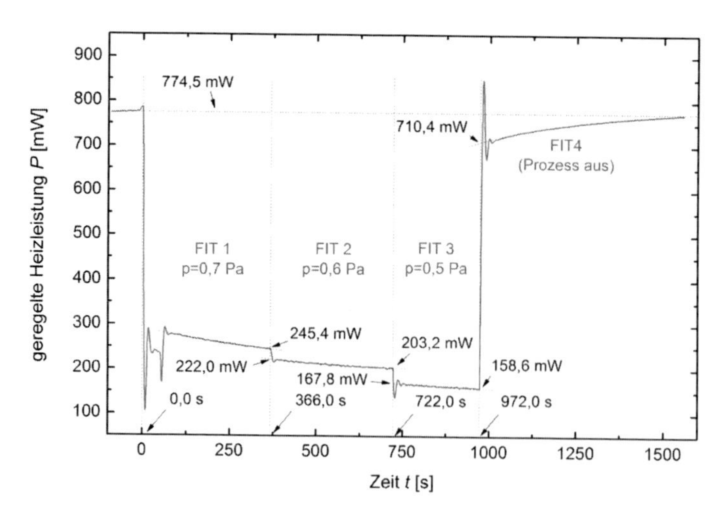

Abbildung 5.13: Regelung der Heizleistung der aktiven Thermosonde für eine zeitlich stabile Temperatur des Thermoelements von 409°C während des bipolaren Prozesses in Targetmitte (Prozessparameter: 5+1 kW; Katodenspannung 290 V; konstanter Argonfluss 30 sccm; Target-Sonden-Abstand 80 mm), Druckänderung von 0,7 Pa auf 0,6 Pa bei $t = 366$ s und von 0,6 Pa auf 0,5 Pa bei $t = 722$ s

Der unterschiedliche thermische Energieeintrag bei Änderung des Sputterdrucks wird in Abbildung 5.13 deutlich. Gezeigt wird die Messkurve der in Kapitel 4.6 beschriebenen, aktiven Thermosonde bei einem bipolaren Prozess (Leistung 5+1 kW, Katodenspannung 290 V) mit drei verschiedenen Sputterdrücken. Als Messgröße ist die Heizleistung, die durch Regelung eine konstante Temperatur des Thermoelements gewährleistet, über der Zeit aufgetragen. Die starken Schwankungen zu Beginn (bis ca. $t = 50$ s) resultieren aus dem Anfahrverhalten des Prozesses und der Zeit bis zur Stabilisierung der Prozessbedingungen. Während dieses Zeitraums wird bei der Abscheidung auf ein Substrat die Blende zwischen Sputterquelle und Substrat üblicherweise geschlossen gehalten. Dadurch werden nur Schichten mit definierten Prozessbedingungen abgeschieden. Da die Thermosonde direkt am Außenschirm befestigt ist und sich damit zwischen Target und Blende befindet, ist dies hier jedoch nicht möglich gewesen. Deutlich zu erkennen sind die Abnahmen der geregelten Heizleistung P durch die Drucksenkungen. Da die Thermosonde durch die Regelung auf einer konstanten Temperatur gehalten wird, entspricht diese Abnahme der Heizleistung einer Zunahme der eingebrachten thermischen Energie durch die eintreffenden Teilchen. Der mittels der in Abschnitt 4.6 beschriebenen Methode berechnete Energieeintrag ist in Tabelle 5.1 aufgelistet. Die Änderung der eingetragenen Energie wird dabei hauptsächlich durch die höhere kinetische Energie der eintreffenden Atome und Ionen verursacht.

Tabelle 5.1: Errechneter Energieeintrag aus Thermosondenmessung bei verschiedenen Prozessparametern

Prozess		Energieeintrag in die Schicht [W/cm²]
bipolar	5+1 kW; 290 V; 0,7 Pa	1,00
	5+1 kW; 290 V; 0,6 Pa	1,05
	5+1 kW; 290 V; 0,5 Pa	1,12
unipolar	10+2 kW; 410 V; 0,15 Pa	0,46

Zum Vergleich ist in Abbildung 5.14 die Messkurve der Thermosonde während eines unipolaren Prozesses (Prozessparameter 10+2 kW, Katodenspannung 410 V, Sputterdruck 0,15 Pa) dargestellt. Die vorgegebene Temperatur betrug 290°C. Der berechnete Energieeintrag beträgt 0,46 W/cm^2 und ebenfalls in Tabelle 5.1 aufgeführt. Die Ursache für die stark unterschiedlichen Energieeinträge im uni- und bipolaren Pulsmodus wurde bereits in Abschnitt 5.2 bzw. in [11] beschrieben.

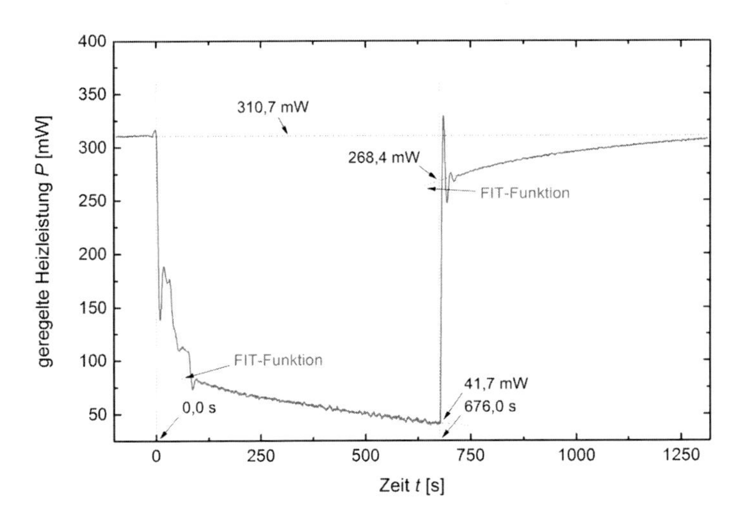

Abbildung 5.14: Regelung der Heizleistung der aktiven Thermosonde des unipolaren Prozesses in Targetmitte (Prozessparameter: 10+2 kW; Katodenspannung 410 V; Sputterdruck 0,15 Pa; Target-Sondenabstand 80 mm)

Der kontinuierliche Abfall der Heizleistung mit zunehmender Prozessdauer bei konstanten Prozessparametern resultiert aus der notwendigen Zeit bis zum Einstellen des Gleichgewichtszustandes. Dieser Abfall kann durch Gleichung (4.11) beschrieben werden, so dass der Gleichgewichtszustand nicht abgewartet werden muss und die notwendige Messzeit verkürzt werden kann.

5.4 Targeterosion

Ein wichtiger Aspekt bei einer kommerziellen Anwendung der hier betrachteten Sputtertechnologie für AlN-Schichten ist die Reproduzierbarkeit der Schichteigenschaften während der gesamten Targetlebensdauer und der Ausnutzungsgrad des Targetmaterials. Wie in Abschnitt 2.1 beschrieben wurde, ist der durch das Sputtern verursachte Targetabtrag nicht gleichmäßig, da sich ein Erosionsgraben ausbildet. Dadurch ändert sich bei konstantem Abstand des Magnetsystems hinter den Targets die Magnetfeldstärke direkt über der Targetoberfläche (im Sputtergraben). Der Arbeitspunkt des Prozesses verschiebt sich wie in [11] beschrieben. Um zu vermeiden, den Arbeitspunkt wähend der Beschichtungszeit kontinuierlich anpassen zu müssen, sind in der DRM 400-Sputterquelle die Magnetsysteme hinter beiden Targets beweglich. Für gleichbleibende Prozessbedingungen während der Targetlebensdauer ist es sehr wichtig, durch die Verschiebung der Magnete in der DRM 400 ein konstantes Magnetfeld im Sputtergraben zu gewährleisten [44]. Diese notwendige Nachführung der Magnete entspricht dem Targetabtrag. Diese Nachführung, bezogen auf die gesputterten kWh (also die jeweilige Targetleistung multipliziert mit der Prozesszeit), ist für verschiedene Materialen und Prozesse unterschiedlich, da auch deren Targetabträge unterschiedlich sind. Vor diesem Hintergrund wurde die Tiefe des Erosionsgrabens von zwei Aluminiumtargets (Dicke 10 mm) während ihrer Lebensdauer beim Sputtern von AlN gemessen. Der Verlauf der Targeterosion ist in Abbildung 5.15 dargestellt. Deutlich sichtbar ist der annähernd lineare Verlauf der Erosion in Abhängigkeit vom Produkt aus Sputterzeit und -leistung. Der Anstieg der Regressionsgeraden wird als Nachführkonstante für das verfahrbare Magnetsystem in der DRM 400 genutzt. Für das Außentarget beträgt diese Nachführkonstante 0,008 mm/kWh und für das Innentarget 0,018 mm/kWh.

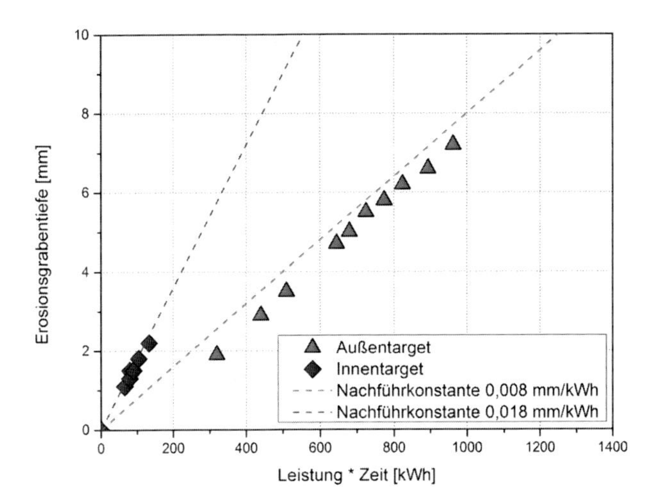

Abbildung 5.15: Erosionsgrabentiefe der Al-Targets in Abhängigkeit vom Produkt aus Targetleistung und Prozesszeit für die Abscheidung von AlN. Aus den Regressionsgeraden ergeben sich die Magnetnachführkonstanten

5.5 Homogenität der Schichteigenschaften

Für eine großflächige Abscheidung von Schichten ist es wichtig, über den gesamten Schichtbereich möglichst homogene Eigenschaften zu erreichen. Für die Untersuchungen der Homogenität der Schichteigenschaften wird das in Abschnitt 4.6 beschriebene, radiale Koordinatensystem verwendet. Als Mittelpunkt wird die Mitte der DRM 400 (gleichbedeutend mit der Mitte des Substrathalters) verwendet.

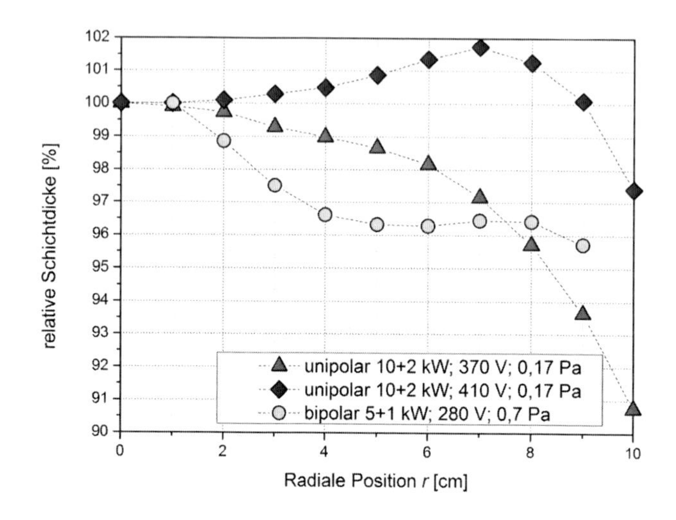

Abbildung 5.16: Homogenität der Schichtdicke in Abhängigkeit von der radialen Position für 1 µm dicke AlN-Schichten (Prozessparameter: unipolar 10+2 kW; 410 V und 370 V; 0,18 Pa; bipolar 5+1 kW; 280 V; 0,7 Pa)

In Abbildung 5.16 sind die relativen Schichtdickenverteilungen für 1 µm dicke AlN-Schichten dargestellt. Deutlich zu erkennen ist der qualitativ unterschiedliche Verlauf der beiden im unipolaren Pulsmodus abgeschiedenen Schichten für verschiedene Prozessdrücke und Katodenspannungen. Durch leichte Variation des Leistungsverhältnisses beider Targets lassen sich die Schichtdicken zu homogeneren Verteilungen verschieben (siehe Abbildung 5.17). Dabei ist die erreichbare Homogenität der im bipolaren Pulsmodus abgeschiedenen Schichten etwas geringer, als jene der im unipolaren Pulsmodus abgeschiedenen Schichten.

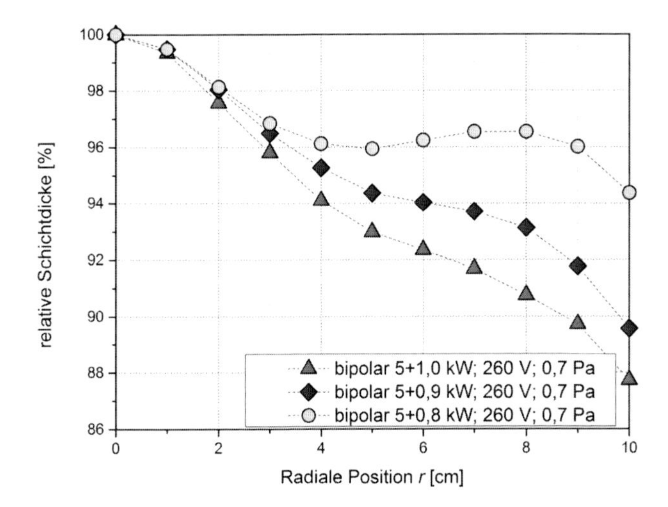

Abbildung 5.17: Homogenität der Schichtdicke in Abhängigkeit von der radialen Position für 1 µm dicke AlN-Schichten (Prozessparameter bipolar; Außentargetleistung 5 kW; Innentargetleistungen unterschiedlich; 280 V; 0,7 Pa)

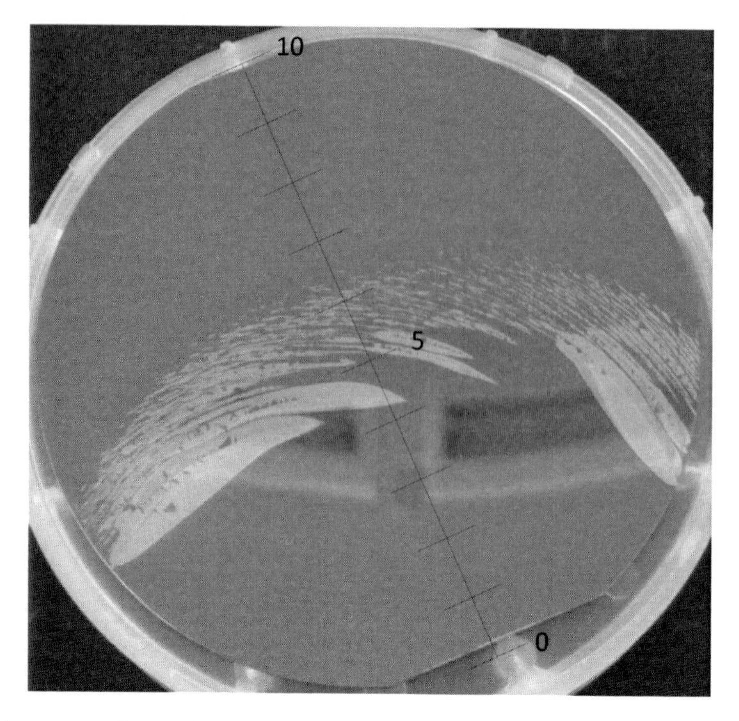

Abbildung 5.18: Fotoaufnahme einer AlN-Schicht (Dicke 50 µm; Prozessparameter: bipolar 5,1+1 kW, 270 V; 0,7 Pa) auf einem Silizium-Wafer (Durchmesser 10 cm) mit eingezeichneter radialer Achse (Einheiten in cm, Radius 0 cm entspricht Position in der Mitte der DRM 400)

Wichtiger als die gleichmäßige Schichtdicke ist jedoch die Homogenität der Schichteigenschaften über dem Substrat. In Abbildung 5.18 ist die Fotografie einer im bipolaren Pulsmodus abgeschiedenen 50 µm dicken AlN-Schicht auf einem Si-Wafer gezeigt. Deutlich ist eine glatte, reflektierende Oberfläche im inneren Bereich der Probe (bis zu einem Radius von ca. 4,5 cm) erkennbar. Daran schließt sich ein Bereich an, in dem es zu großflächigen Schichtablösungen und -abplatzungen gekommen ist (4,5 cm $\leq$ r $\leq$ 6,5 cm). Weiter außen liegende Bereiche der Probe zeigen eine matte, also wesentlich rauere, Oberfläche.

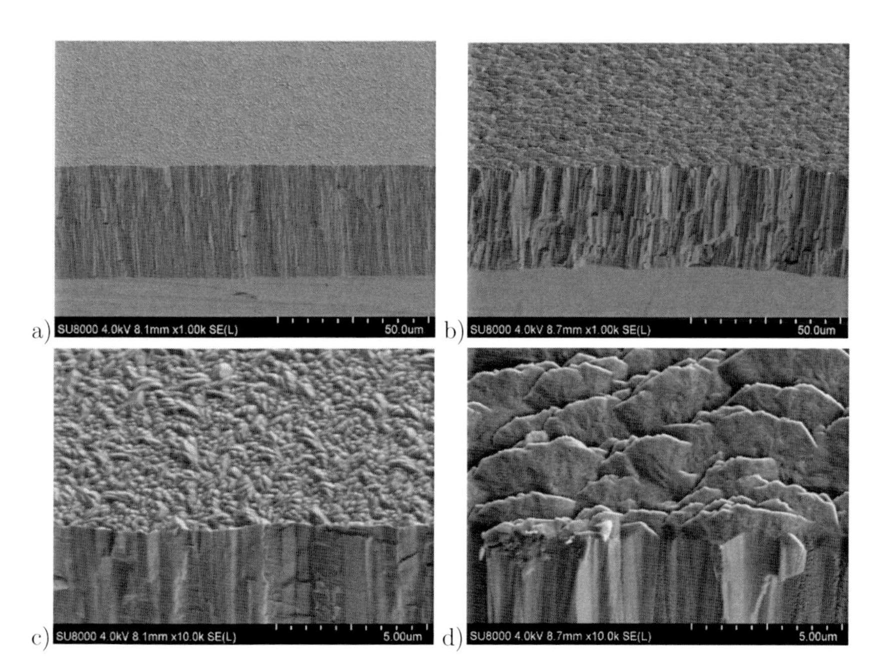

Abbildung 5.19: REM-Aufnahmen einer 50 µm dicken AlN-Schicht auf Silizium bei a, c) r = 4 cm und b, d) r = 7 cm (Prozessparameter: bipolar 5+1 kW; 270 V; 0,7 Pa); Vergrößerung: a, b) 1000fach, c, d) 10.000fach

In Abbildung 5.19 sind die REM-Aufnahmen der in Abbildung 5.18 gezeigten, 50 µm dicken AlN-Schicht an zwei verschiedenen Positionen gezeigt. Deutlich ist die stark unterschiedliche Struktur an beiden betrachteten Stellen zu erkennen. Der Bereich in der Mitte (bis zu einem Radius von ca. 4 cm, siehe Abbildungen 5.19a, c) weist die für gute piezoelektrische Aktivität gewünschte, sehr gut orientierte Struktur mit geringer mittlerer Korngröße und Rauheit auf. Der an dieser Stelle mit dem Piezometer gemessene piezoelektrische Koeffizient d_{33} beträgt 8 ... 10 pC/N (siehe Abbildung 5.20). Dieser hohe Wert ergibt sich vermutlich aus dem bei dieser Schichtdicke sehr großen Substrateinfluss [45]. Bei weiter außen liegenden Bereichen (r $\geq$ 6,5 cm, siehe Abbildungen 5.19b, d) zeigt sich ein wesentlich gröberes Kornwachstum. Es entstehen vergleichsweise große Körner mit hoher Rauheit. Dies entspricht mehr dem Kornwachstum in der Zone 1 des Strukturzonenmodells von Abbildung 2.6. Die Körner sind jedoch immer noch piezoelektrisch aktiv. Die gemessenen Werte des piezoelektrischen Koeefizienten d_{33} betragen 6,5 ... 7,8 pC/N, was ca. 80 % des Wertes der zentraleren Positionen entspricht. Der Bereich dazwischen zeigte großflächige Schichtabplatzungen und konnte daher nicht piezoelektrisch charakterisiert werden.

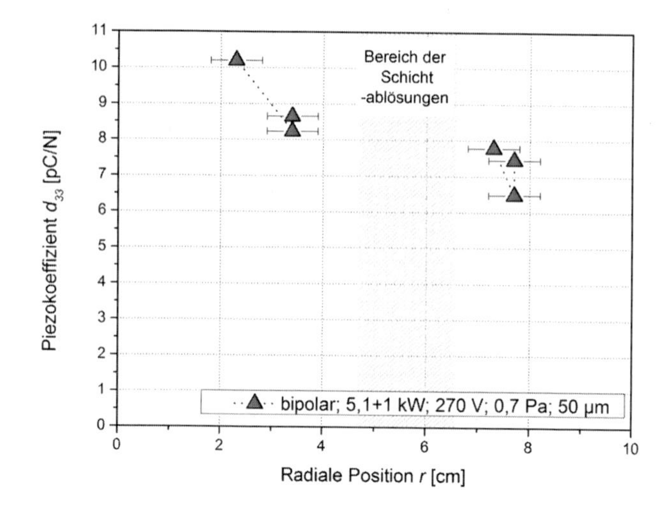

Abbildung 5.20: Piezokoeffizienten d_{33} der Einzelelemente eines Testwafers aufgetragen über der radialen Position der Elemente (Schichtdicke 50 µm; Prozessparameter: bipolar 5,1+1 kW, 270 V; 0,7 Pa); die eingezeichneten Balken an den Datenpunkten geben die Abmaße der Schwingkörper (ø 10 mm) wieder

Dieses Verhalten tritt nur im bipolaren Pulsmodus auf. Im unipolaren Pulsmodus weisen auch die weiter außen liegenden Bereiche die gewünschte Struktur auf. In Abbildung 5.21 sind die Messwerte der Piezokoeffizienten d_{33} und relativen Puls-Echo-Signalamplituden V_{pk-pk} von mehrern Testwafern über die radialen Positionen der einzelnen Testelemente aufgetragen. Für die Puls-Echo-Amplituden wurden aufgrund der sehr starken Abhängigkeit der Signalhöhe von der Schichtdicke das relative Signal, also

$$V^i_{pk-pk,rel} = \frac{V^i_{pk-pk}}{\frac{1}{n}\sum_{j=1}^{n} V^j_{pk-pk}} \tag{5.1}$$

gewählt. Die Messwerte weisen keine ausgeprägte ortsabhängige Veränderung wie die im bipolaren Pulsmodus hergestellten Schichten auf.

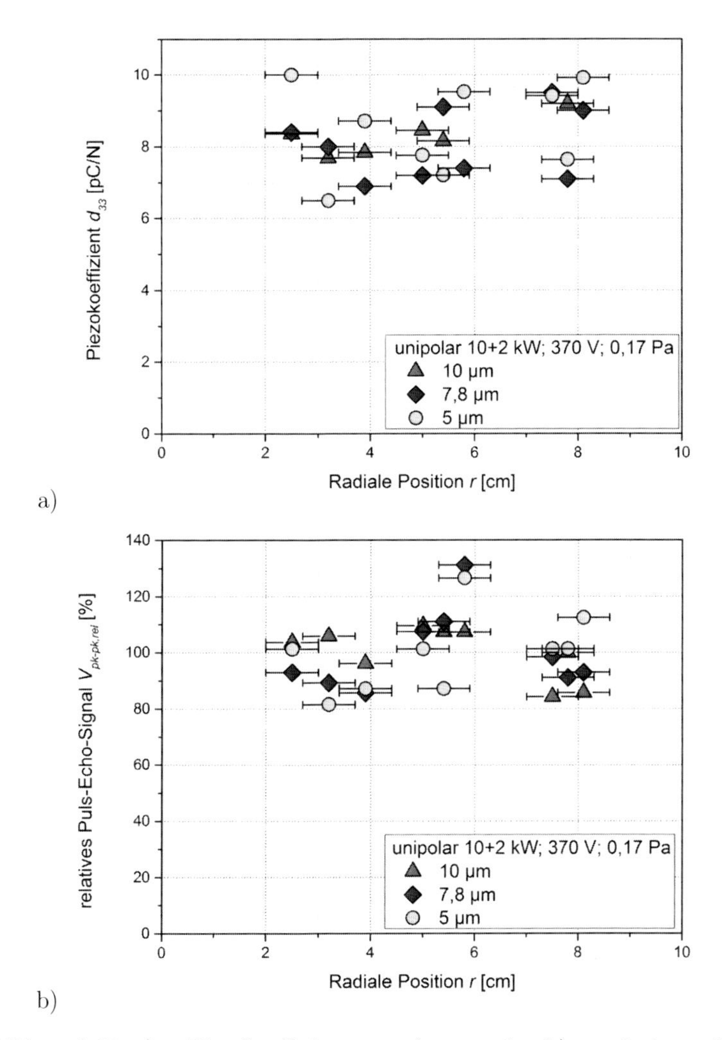

Abbildung 5.21: a) Piezokoeffizienten d_{33} und b) relative Puls-Echo-Signalamplituden $V_{pk-pk,rel}$ der Einzelelemente mehrerer Testwafer aufgetragen über der radialen Position der Elemente (Schichtdicke 5 µm, 7,8 µm und 10 µm; Prozessparameter: unipolar 10+2 kW, 370 V; 0,17 Pa); die eingezeichneten Balken an den Datenpunkten geben die Abmaße der Schwingkörper (ø 10 mm) wieder

Ursache für das sehr unterschiedliche Verhalten beider Pulsmodi ist der radial stark unterschiedliche Energieeintrag im bipolaren Pulsmodus. Dieses Verhalten wurde von Bartzsch [11] am Beispiel von Al_2O_3 demonstriert (Abbildung 5.22). Die Werte des AlN-Prozesses weichen wegen der differierenden Prozessparameter zwar absolut davon ab, aber der qualitative Verlauf ist für den AlN-Prozess genauso vorhanden. Deutlich sichtbar ist der nach außen hin stark abfallende Verlauf im bipolaren Pulsmodus. Dem gegenüber steht die sehr homogene Verteilung der Substratbelastung und der Energiestromdichte im unipolaren Pulsmodus im gesamten Beschichtungsbereich.

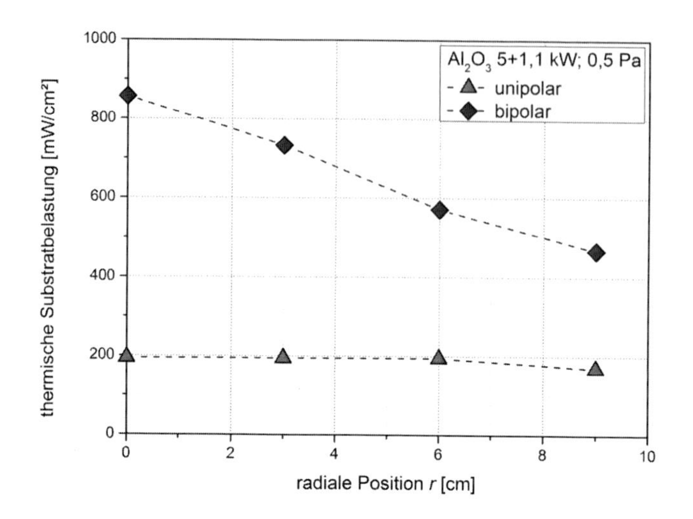

Abbildung 5.22: Ortsabhängigkeit der thermischen Substratbelastung beim reaktiven Sputtern von Al_2O_3 vom metallischen Target (Leistung 5+1,1 kW, Sputterdruck 0,5 Pa) (nach [11])

5.6 Temperaturstabilität

Aluminiumnitrid ist bekannt dafür, dass sich die piezoelektrischen Eigenschaften bei Variation der Temperatur nur geringfügig ändern [28], [7]. Im Folgenden soll untersucht werden, wie groß der Einfluss einer längeren Temperaturerhöhung auf die Schichteigenschaften ist.

In Abbildung 5.23 sind die Werte des piezoelektrischen Koeffizienten d_{33} für verschiedene Substratmaterialien vor und nach einer Temperung über 4 Stunden bei 200 °C gezeigt.

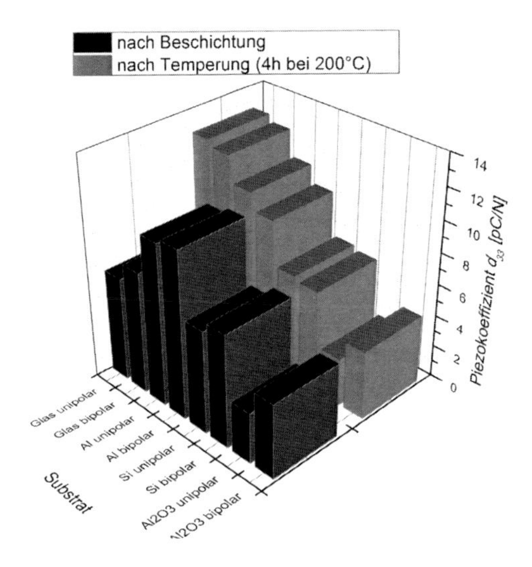

Abbildung 5.23: Piezoelektrischer Koeffizient d_{33} von AlN auf verschiedenen Substraten (Messung vor und nach Temperung (4 h, 200 °C, Atmosphäre); Prozessparameter: unipolar 10+2 kW; 400 V; 0,17 Pa; bipolar 5+2 kW; 270 V; 0,7 Pa)

Deutlich sichtbar sind die starken Unterschiede der Piezokoeffizienten für die verschiedenen Substratmaterialien. Die REM-Aufnahmen der Schichten weisen, bis auf die auf Al_2O_3 abgeschiedenen Schichten, keinen substratabhängigen Unterschied auf (siehe Abbildungen in Tabelle 5.2 im Vergleich mit Abbildung 5.2). Die sehr raue Oberfläche der AlN-Schicht auf Al_2O_3 ist eine Folge des sehr grobkörnigen Substratmaterials.

Tabelle 5.2: REM-Aufnahmen von AlN-Schichten auf verschiedenen Substraten (Dicke 10 µm; Prozessparameter: bipolar 5+1 kW, 270 V; 0,7 Pa)

Vergrößerung	5.000fach	20.000fach
AlN auf Al_2O_3-Substrat	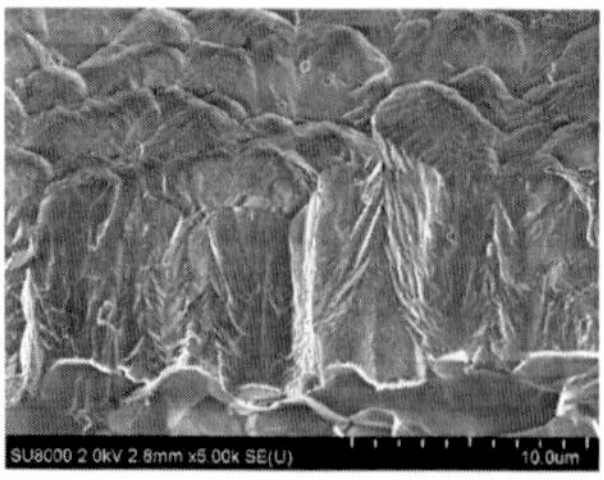	
AlN auf Al-Substrat	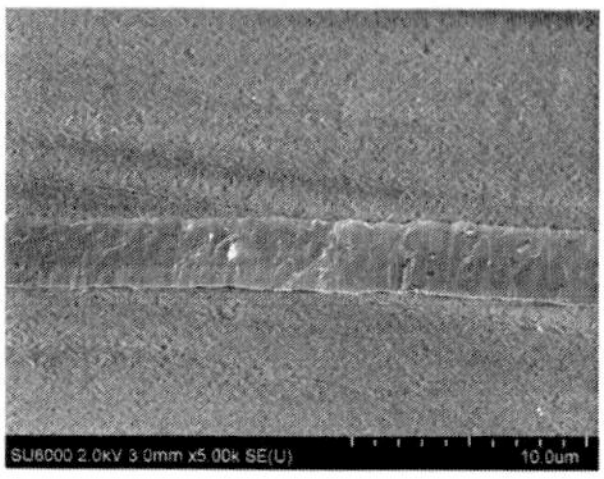	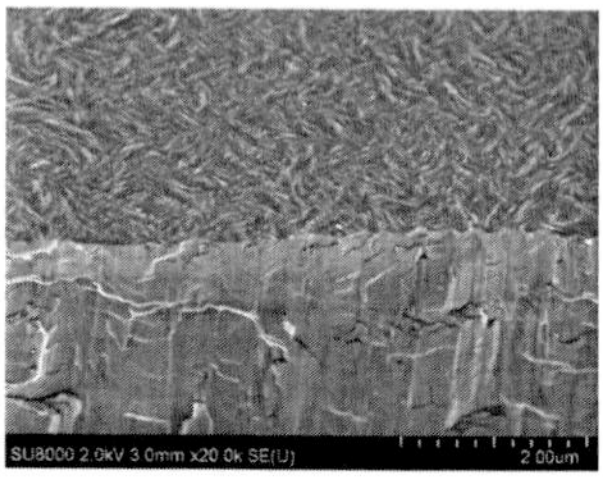
AlN auf Glas-Substrat	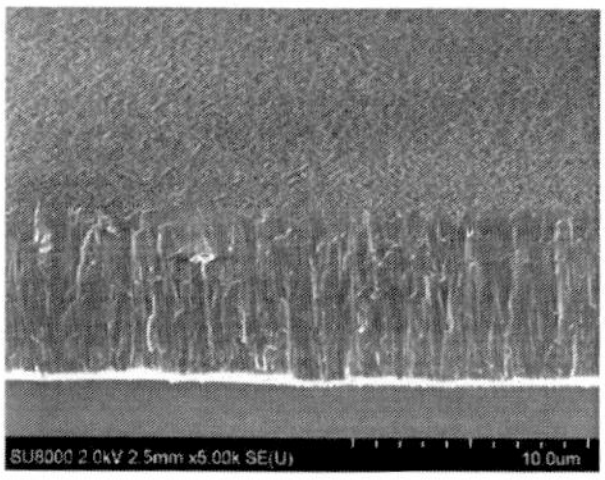	
AlN auf Glas (nach 4 h, 200 °C, Atmosphäre)	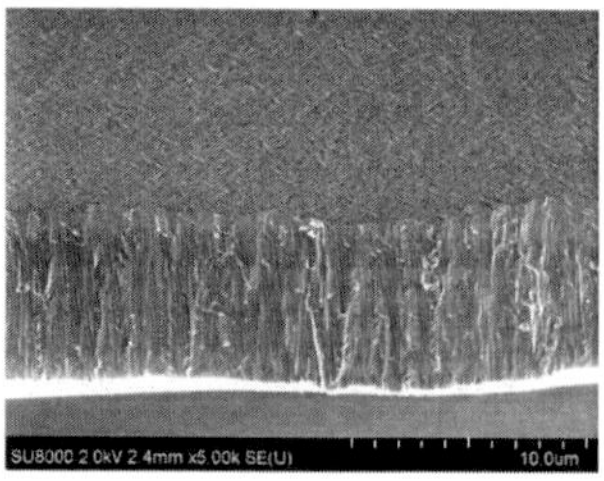	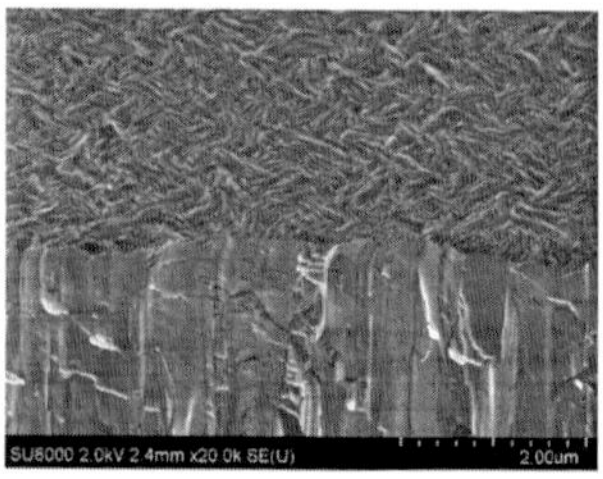

Der zweite wichtige Aspekt, der in Abbildung 5.23 sichtbar wird ist, dass bei einer Auslagerung der Schichten bei erhöhten Temperaturen an normaler Atmosphäre keine signifikanten Änderungen der d_{33}-Werte auftreten. Eine Ausnahme bilden die auf Glassubstraten abgeschiedenen Schichten. Nach der Temperung haben sich die d_{33}-Werte von 6,6 pC/N (unipolar) bzw. 7,7 pC/N (bipolar) auf 12,7 pC/N bzw. 12,3 pC/N fast verdoppelt. Die in der Tabelle 5.2 gezeigten REM-Aufnahmen von auf Glassubstraten abgeschiedenen AlN-Schichten vor und nach der Temperung zeigen trotz der sehr unterschiedlichen Piezokoeffizienten keine sichtbaren Unterschiede. Auch die Untersuchung der AlN-Schichten mittel EDS (siehe Abbildung 5.24) zeigen ein identisches Spektrum vor und nach der Temperung. Die Ursache für den starken Anstieg der d_{33}-Werte beruhen somit vermutlich auf einer Änderung der mechanischen Eigenschaften des Substrates [45].

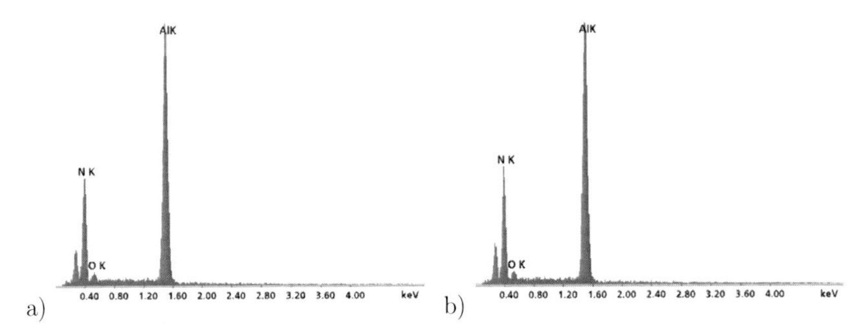

Abbildung 5.24: EDS-Diagramm einer 10 µm dicken AlN-Schicht auf Glassubstrat (Prozessparameter: bipolar 5+1 kW; 270 V;7 Pa) a) vor und b) nach Temperung (4 h, 200 °C)

5.7 Gepulste Anode (Puls-Mischmodus)

Wie in den vorangegangenen Abschnitten gezeigt wurde, weisen die Prozesse im unipolaren bzw. bipolaren Pulsmodus verschiedene Vor- und Nachteile auf.

Der unipolare Pulsmodus ist durch folgende Vorteile gekennzeichnet:

- hohe Abscheiderate,
- sehr gute Homogenität der Schichteigenschaften über einen großen Beschichtungsbereich und
- moderater Teilchenbeschuss (wichtig für geringe Schichtspannungen in dünnen Schichten und bei temperaturempfindlichen Substraten).

Demgegenüber stehen folgende Nachteile:

- geringe Prozessstabilität und
- Schichtspannungen, die sich nur bedingt durch Prozessdruck variieren lassen.

Im Vergleich dazu besitzt der bipolare Pulsmodus folgende Vorteile:

- hohe Prozessstabilität und
- stärkerer Teilchenbeschuss (wichtig für geringe Schichtspannungen in dicken Schichten).

Die Nachteile des bipolaren Pulsmodus sind:

- geringere Abscheiderate und
- eingeschränkte Beschichtungsfläche bis zu einem maximalen Durchmesser von 10 cm.

Die Verwendung der gepulsten Anode ermöglicht es zumindest teilweise, die Vorteile beider Pulsmodi zu kombinieren und die Nachteile auszugleichen. Wie in Abschnitt 3.2 beschrieben wurde, können durch Variation des Zeitverhältnisses beider Pulsmodi innerhalb einer Periodendauer von 1 ms die resultierenden Prozesseigenschaften zwischen dem unipolaren und bipolaren Pulsmodus eingestellt werden. Dieser Zusammenhang wird im weiteren Verlauf der Arbeit durch die Anodenzeit t_{Anode}

ausgedrückt, also durch die Zeitspanne in jeder Periode, in der sich der Prozess im unipolaren Modus befindet.

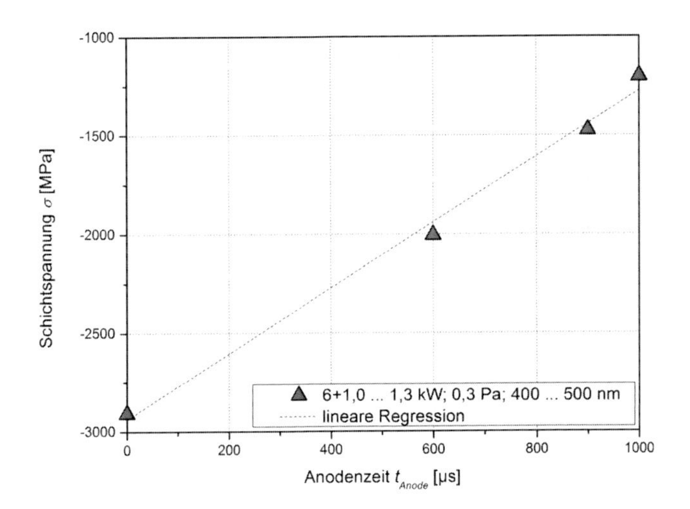

Abbildung 5.25: Schichtspannung σ von AlN auf Silizium bei unterschiedlichen Anodenzeiten t_{Anode} (Prozessparameter: 6+1,0 ... 1,3 kW; 370 V; 0,3 Pa; Schichtdicke 400 ... 500 nm)

In Abbildung 5.25 ist die Auswirkung der Änderung der Anodenzeit t_{Anode} im Puls-Mischmodus auf die Schichtspannung σ dargestellt. Die restlichen Parameter wie Leistung, Katodenspannung und Druck wurden annähernd konstant gehalten. Es zeigt sich eine lineare Abhängigkeit der mechanischen Schichtspannungen mit Änderung der Pulsmodi-Anteile von rein bipolar ($t_{Anode} = 0$ µs) zu rein unipolar ($t_{Anode} = 1000$ µs).

Um die Parameter zu bestimmen, mit denen im Puls-Mischmodus gearbeitet werden kann, wurden die Prozessparameter der beiden Pulsmodi als Eckpunkte genutzt. Durch Gewichtung gemäß ihres zeitlichen Anteils im Prozess können die zu erwartenden Parameter für die Abscheidung guter piezoelektrischer Schichten grob abgeschätzt werden.

Durch das komplexe Zusammenspiel mehrerer Einflussgrößen können jedoch auch abseits der dadurch abgeschätzten Prozessparameter noch piezoelektrische Schichten abgeschieden werden. So weisen beispielsweise auch Schichten, die bei einer Anodenzeit t_{Anode} von 800 µs, Targetleistungen von 8+1,6 kW und einem Prozessdruck von 0,4 Pa bei einem sehr reaktivem Arbeitspunkt (= niedriger Katodenspannung) abgeschieden wurden einen sehr guten piezoelektrischen Koeffizienten d_{33} auf. Bei Erhöhung der Katodenspannung des Außentargets nimmt der Wert des piezoelektrischen Koeffizienten d_{33} jedoch sehr schnell ab.

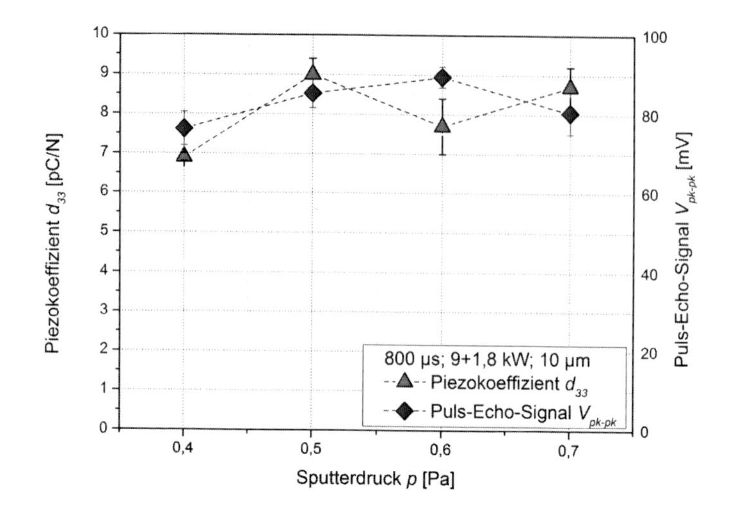

Abbildung 5.26: Abhängigkeit des Piezokoeffizienten d_{33} und Puls-Echo-Amplituden V_{pk-pk} vom Sputterdruck p (Prozessparameter: t_{Anode} = 800 µs; 9+1,8 kW; Katodenspannung jeweils 30 V unter Transparenzpunkt, Schichtdicke 10 µm)

Werden die aus den Abschätzungen bestimmten Prozessparameter genutzt, lassen sich Schichten mit sehr guten piezoelektrischen Eigenschaften abscheiden. In Abbildung 5.26 sind die Piezokoeffizienten d_{33} von 10 µm dicken Schichten bei gleichem Pulsmodus-Verhältnis und gleicher Leistung bei unterschiedlichem Sputterdruck p dargestellt. Über dem gesamten Druckbereich lassen sich piezoelektrische Schichten abscheiden. Die Verteilung der piezoelektrischen Koeffizienten d_{33} der AlN-Schichten zeigen keinen signifikanten Zusammenhang mit dem Sputterdruck. Die Messung durch die Puls-Echo-Methode zeigt ein lokales Maximum der Signalstärke V_{pk-pk} bei 0,6 Pa.

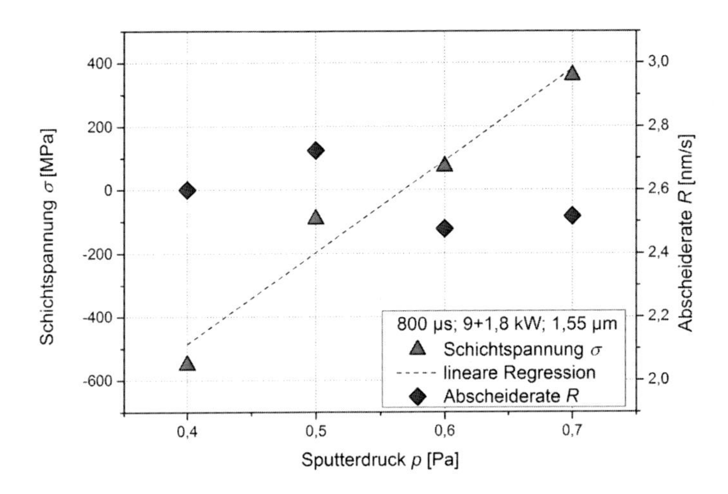

Abbildung 5.27: Abhängigkeit der Schichtspannungen σ und Abscheideraten R vom Sputterdruck p (Prozessparameter: t_{Anode} = 800 µs; 9+1,8 kW; Katodenspannung jeweils 30 V unter Transparenzpunkt, Schichtdicke 1,55 µm)

In Abbildung 5.27 sind die Schichtspannungen σ bei 1,55 µm dicken Schichten dargestellt. Deutlich sichtbar ist der bereits in Abschnitt 5.3 beschriebene Druckeinfluss auf die resultierenden mechanischen Schichtspannungen.

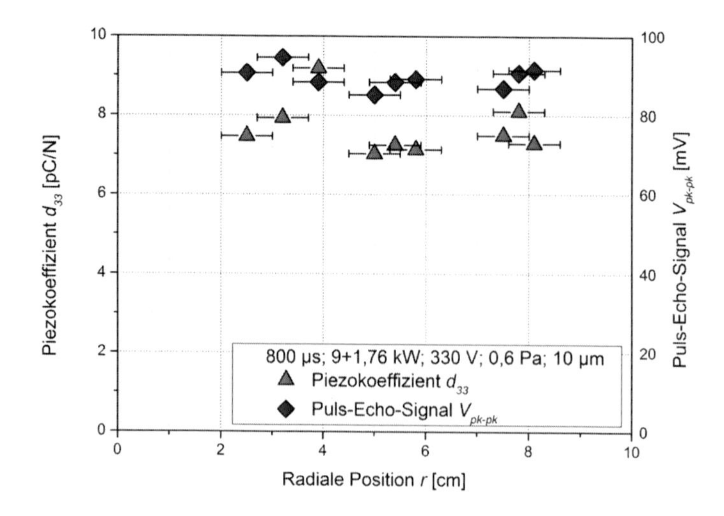

Abbildung 5.28: Verteilung der Messwerte der Piezokoeffizienten d_{33} und der Puls-Echo-Amplituden V_{pk-pk} einer 10 µm dicken AlN-Schicht in Abhängigkeit der radialen Positionen der Messelemente (Prozessparameter: 800 µs; 9+1,76 kW; Katodenspannung 330 V; 0,6 Pa; Schichtdicke 10 µm); die eingezeichneten Balken geben den Durchmesser des jeweiligen Elements (ø 10 mm) wieder

Die Homogenität der Abscheidung zeigt sich beim Vergleich der Werte des Piezokoeffizienten d_{33} und der Puls-Echo-Amplituden V_{pk-pk} (siehe Abbildung 5.28). Bis auf die starke Abweichung eines Messwertes des Piezokoeffizienten, der sich nicht im Puls-Echo-Signal widerspiegelt und bei anderen Messungen nicht reproduziert werden konnte, sind alle Messwerte annähernd gleich verteilt. Es existiert analog zum unipolaren Pulsmodus keine signifikante positionsabhängige Änderung der piezoelektrischen Eigenschaften. Auch die Schichtdickenverteilung in Abbildung 5.29 weist eine gute radiale Homogenität auf.

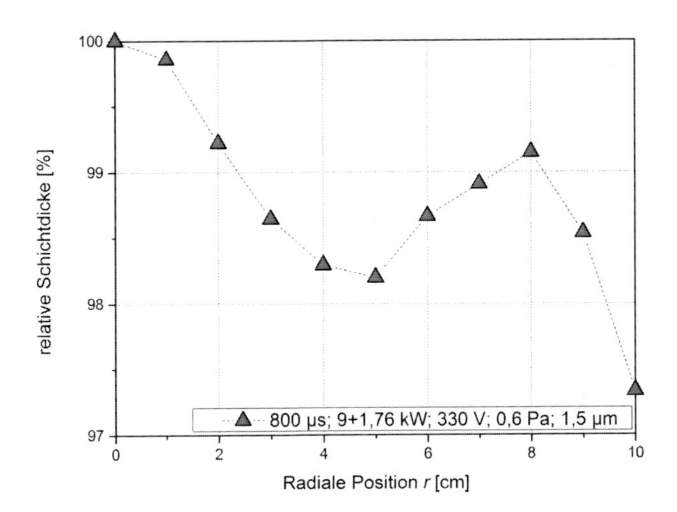

Abbildung 5.29: Schichtdickenverteilung, normiert auf Schichtdicke bei radialer Position $r = 0$ cm (Prozessparameter: 800 µs; 9+1,76 kW; Katodenspannung 330 V; 0,6 Pa; Schichtdicke 1,5 µm)

6 Gezielte Abscheidung von Schichten mit gewünschten Eigenschaften

In Kapitel 5 wurden die grundlegenden Parameter des Sputterprozesses und ihre Auswirkung auf die Abscheidung von AlN dargestellt. Es zeigte sich, dass durch das Zusammenspiel dieser Parameter ein weiter Bereich existiert, in dem piezoelektrisch aktive Schichten abgeschieden werden können.

Eine wichtige Größe für die industrielle Anwendung ist die mechanische Spannung, die in den Schichten vorhanden ist. Sie beeinflusst zum Beispiel die Schichthaftung oder die elektromechanische Ankoppelung. Für praktische Anwendungen müssen die mechanischen Spannungen in den Schichten hinreichend klein sein, da es sonst im ungünstigsten Fall zu Rissen in den Schichten oder sogar Schichtabplatzungen kommen kann. Eine Charakterisierung der auftretenden mechanischen Spannungen ist daher notwendig. Idealerweise sollten die mechanischen Spannungen an die Anwendung angepasst werden können.

6.1 Abhängigkeit der mechanischen Spannungen von der Schichtdicke

Neben den in Kapitel 5 beschriebenen Prozessparametern stellt die Schichtdicke einen weiteren sehr großen Einfluss auf die mechanischen Spannungen in den Schichten dar. Wie in Abbildung 6.1 gezeigt wird, weisen sehr dünne Schichten hohe Druckspannungen auf. Mit zunehmender Schichtdicke gehen diese in Zugspannungen über. Die Änderung ist bei sehr dünnen Schichten sehr stark, verringert sich jedoch mit zunehmender Schichtdicke. Ab ca. 1 ... 2 µm bildet sich eine lineare Abhängigkeit der mechanischen Spannungen von der Schichtdicke aus. Eine mögliche Ursache kann das zunehmende Kornwachstum sein (Abbildung 6.2). Verschiedene Arbeitsgruppen beschreiben einen starken Zusammenhang zwischen der Anzahl der Korngrenzen und den auftretenden mechanischen Spannungen [46], [47], [48], [49].

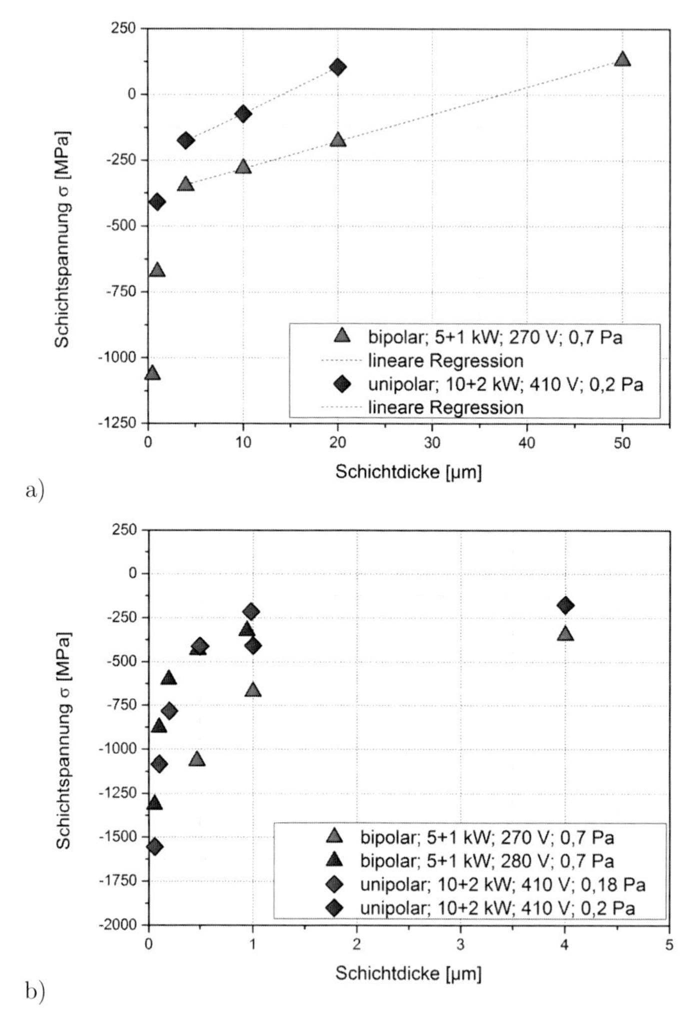

Abbildung 6.1: a) Schichtdickenabhängigkeit der mechanischen Schichtspannungen in AlN-Schichten bei unterschiedlichen Prozessparametern; b) vergrößerter Bereich von a) für Schichtdicken bis 5 µm

Zu Beginn der Abscheidung bilden sich viele sehr feine Körner. Mit zunehmender Schichtdicke nimmt ihre Anzahl zuerst schnell, dann zunehmend langsamer ab, wodurch die mittlere Korngröße im selben Maße zunimmt. Die mittlere Korngröße der in Abbildung 6.2 gezeigten Schicht steigt dabei von ca. 60 nm bei einer Schichtdicke von 1 µm auf ca. 130 nm bei einer Schichtdicke von 9 µm.

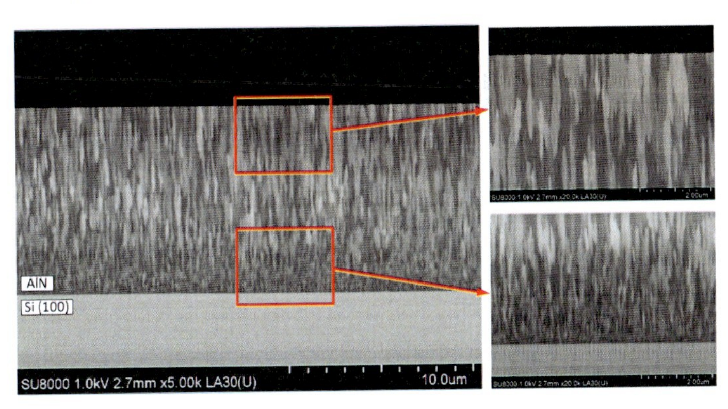

Abbildung 6.2: REM-Querschnittsaufnahmen (mit sichtbarer Kornorientierung, alle Körner mit 002-Ebenen senkrecht zur Oberfläche) der Grenzfläche zwischen Silizium-Substrat und AlN sowie der Oberfläche der Schicht bei einer Vergrößerung von 5.000x (Gesamtansicht) und 20.000x (Teilbereiche) einer 10 µm dicken AlN-Schicht (Prozessparameter: 5+1 kW; 270 V; 0,7 Pa)

6.2 Schichten mit vorgegebener Dicke

Für viele Anwendungen, beispielsweise im Bereich der SAW-Bauelemente oder der Ultraschallschwinger, ist die Schichtdicke der AlN-Schichten u. a. durch die angestrebte Frequenz vorgegeben [4]. Um Schichtablösungen oder Risse zu verhindern, ist es notwendig, die auftretenden mechanischen Spannungen möglichst klein zu halten. Da unterschiedliche Anwendungen oft einen unterschiedlichen Aufbau erfordern, zum Beispiel hinsichtlich des Substratmaterials oder anderer Schichten (Passivierungen, Haftvermittler, Elektroden), müssen jeweils die im AlN auftretenden mechanischen Spannungen angepasst werden. Dies soll aber ohne nennenswerte Einbußen im piezoelektrischen Verhalten der AlN-Schichten geschehen.

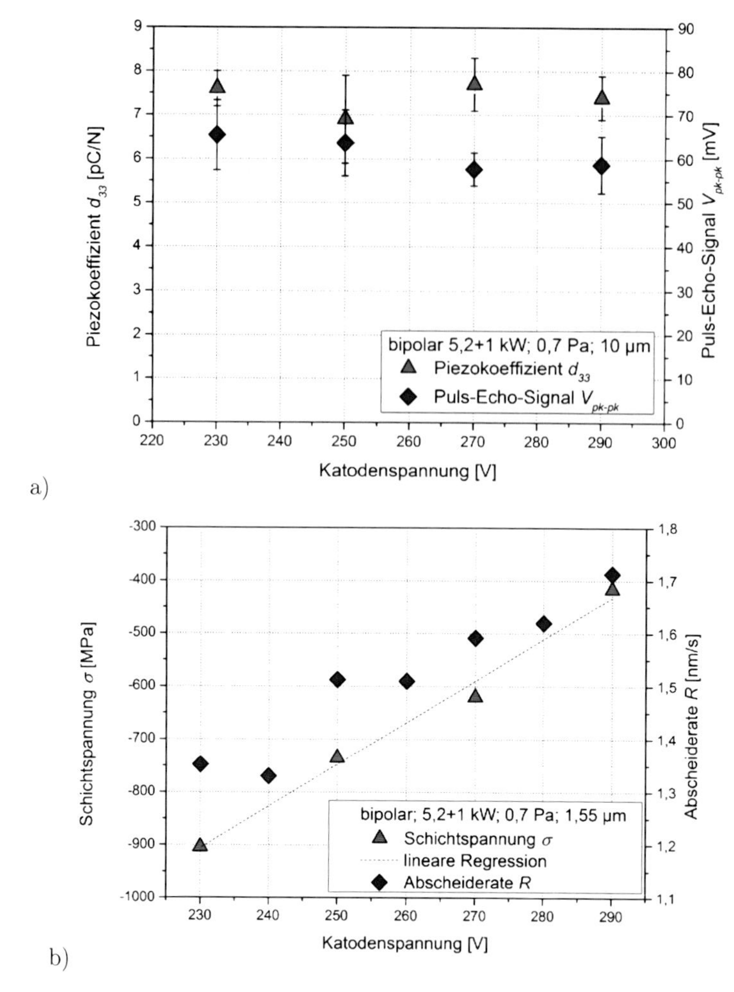

Abbildung 6.3: Abhängigkeit a) des Piezoekoeffizienten d_{33} sowie des Puls-Echo-Signals V_{pk-pk} und b) der Schichtspannung σ und der Abscheiderate R von der Katodenspannung (Prozessparameter: bipolar; 5,2+1 kW; 0,7 Pa; Schichtdicke a) 10 µm und b) 1,55 µm)

In Abbildung 6.3 sind die für verschiedene Katodenspannungen im bipolaren Pulsmodus erreichten Piezokoeffizienten d_{33}, Puls-Echo-Werte V_{pk-pk}, Schichtspannungen σ und Abscheideraten R von verschiedenen AlN-Schichten dargestellt. Sowohl die Abscheideraten als auch die Schichtspannungen zeigen einen linearen Zusammenhang mit der Katodenspannung (Abbildung 6.3b). Der Abfall der Abscheiderate R bei niedrigeren Katodenspannungen ergibt sich aus dem Arbeitspunkt, der sich näher am reaktiven Bereich der Entladung befindet. Die Abhängigkeit der Schichtspannung σ von der Katodenspannung ergibt sich aus dem bereits beschriebenen Effekt des "Atomic Peenings" (siehe Abschnitt 5.3).

Trotz stark unterschiedlicher mechanischer Schichtspannungen und unterschiedlichem Energieeintrag zeigen alle Schichten gute piezoelektrische Eigenschaften. Die Piezoekoeffizienten d_{33} und die Puls-Echo-Amplituden V_{pk-pk} der Schwinger weisen keine signifikante Änderung mit der Katodenspannung auf. Nachteilig ist, dass mit abnehmender Katodenspannung der Prozess reaktiver wird und dementsprechend auch die Abscheiderate sinkt (Abbildung 6.3b).

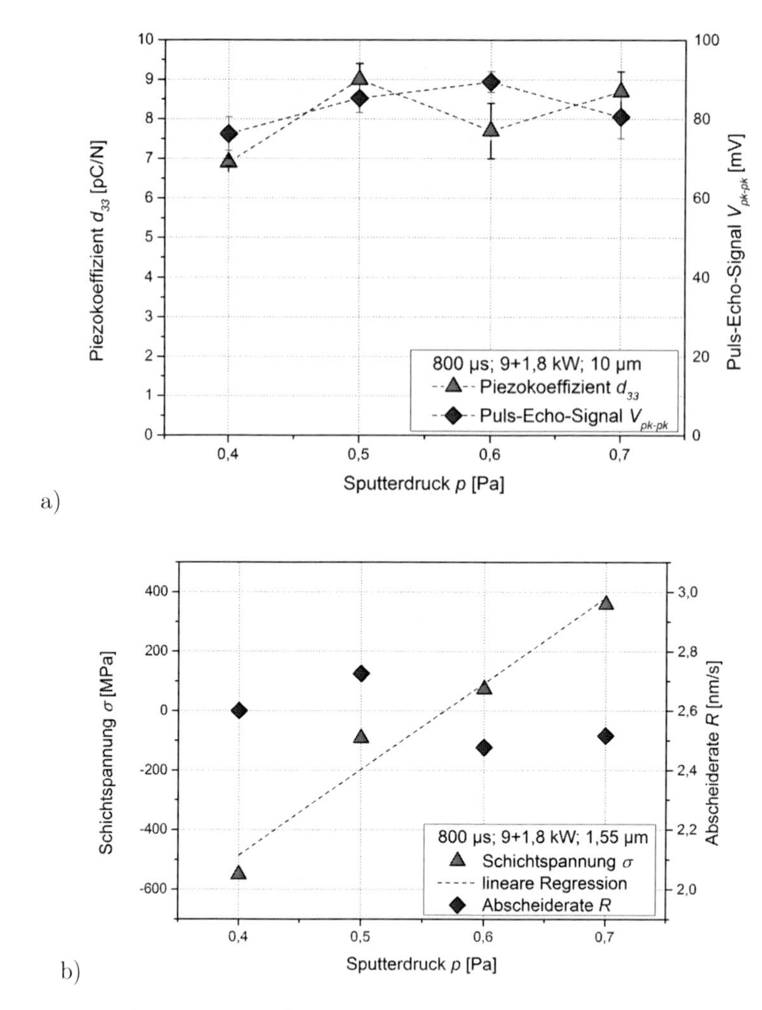

Abbildung 6.4: Abhängigkeit a) des Piezoekoeffizienten d_{33} und der Puls-Echo-Amplitude V_{pk-pk} sowie b) der Schichtspannung σ und der Abscheiderate R vom Sputterdruck p (Prozessparameter: gepulste Anode 800 µs; 9+1,8 kW; Katodenspannung 30 V niedriger als Transparenzpunkt; Schichtdicke a) 10 µm und b) 1,55 µm)

In Abbildung 6.4 sind die Piezokoeffizienten d_{33}, die Puls-Echo-Amplituden V_{pk-pk}, die Schichtspannungen σ und die Abscheideraten R von verschiedenen AlN-Schichten für verschiedene Sputterdrücke im Pulsmischmodus dargestellt. Die Puls-Echo-Werte zeigen zwar einen vom Sputterdruck abhängigen Verlauf mit einem Maximum bei

0,6 Pa, aber die Differenz zwischen minimalem und maximalem Wert beträgt nur ca. 15% des Messwertes. Für eine Anpassung der mechanischen Schichtspannungen an die Anforderungen sind dies vertretbare Abweichungen. Die gemessenen Piezokoeffizienten d_{33} liegen im Bereich 7 ... 9 pC/N. Sie zeigen jedoch keine so ausgeprägte Druckabhängigkeit wie die Puls-Echo-Signale.

6.3 Gradientenschichten

Eine weitere Möglichkeit, Schichten mit vorgegebenen mechanischen Spannungen herzustellen, ist die Abscheidung von Gradientenschichten. Dazu werden während des Beschichtungsprozesses ein oder mehrere Parameter geändert. Im einfachsten Fall ist dies entsprechend Abbildung 6.4 der Sputterdruck. Dieser erlaubt auch eine Anpassung der Spannungen in einem weiten Bereich. Dies ist besonders für die Abscheidung von sehr dicken Schichten relevant.

Allerdings ist gemäß Abschnitt 5.3 im unipolaren Pulsmodus die Einflussmöglichkeit über den Sputterdruck stark begrenzt. Bei geringem Sputterdruck von weniger als 0,15 Pa ist der Sputterprozess instabil, während bei großen Sputterdrücken von mehr als 0,25 Pa die abgeschiedenen Schichten nicht mehr bzw. nur sehr gering piezoelektrisch sind.

Im bipolaren Pulsmodus hingegen ist der Bereich, in dem die abgeschiedenen AlN-Schichten piezoelektrisch sind, wesentlich größer. Dort tritt bei hohem Sputterdruck von mehr als 0,8 Pa eine Abnahme der piezoelektrischen Eigenschaften auf. Bei niedrigerem Druck treten hingegen wesentlich höhere mechanische Druckspannungen auf.

Tabelle 6.1: Schichtspannungen σ und piezoelektrische Koeffizienten d_{33} von AlN-Gradientenschichten mit einer Gesamtschichtdicke von 50 µm (bipolarer Pulsmodus, Targetleistungen 5+1 kW, Senkung des Sputterdruckes von 0,7 Pa über 0,6 Pa auf 0,5 Pa). Der Schichtgradient wurde durch Änderung des Sputterdrucks während der Abscheidung erzeugt.

Prozessschritte (=Sputterdruckstufen)	Schichtspannung σ [MPa]	Piezoelektrischer Koeffizient d_{33} [pC/N]
Einzelschicht: 50 µm bei 0,7 Pa	+131	8 ... 10
1.) 10 µm bei 0,7 Pa, 2.) 30 µm bei 0,6 Pa, 3.) 10 µm bei 0,5 Pa	-135	-
1.) 10 µm bei 0,7 Pa, 2.) 20 µm bei 0,6 Pa, 3.) 20 µm bei 0,5 Pa	-170	6,5
1.) 10 µm bei 0,7 Pa, 2.) 10 µm bei 0,6 Pa, 3.) 30 µm bei 0,5 Pa	-229	-

Für die Abscheidung von Gradientenschichten mit sehr hoher Schichtdicke bietet sich daher eine Drucksenkung im bipolaren Pulsmodus an. Zu Beginn ist es sinnvoll bei einem höheren Sputterdruck von 0,7 Pa zu beginnen und dann graduell niedrigere Sputterdrücke einzustellen. Bei einem zu geringen Sputterdruck zu Beginn der Abscheidung kann es aufgrund der höheren Druckspannungen zu Abplatzungen bzw. auch zur Zerstörung des Substrates kommen. In Tabelle 6.1 sind die Schichtspannungen verschiedener Gradientenschichten mit 50 µm Schichtdicke durch Sputterdruckvariation während des Prozesses dargestellt. Durch unterschiedliche Verhältnisse der Zeiten, bei denen ein bestimmter Sputterdruck eingestellt ist, lassen sich die Schichtspannungen zwischen Zug- und Druckspannungen variieren. Dabei führen längere Zeiten bei niedrigen Drücken zu größeren Druckspannungen.

7 Dotierung mit Scandium

7.1 Hintergrund

Aluminiumnitrid weist gegenüber PZT den Nachteil auf, dass die piezoelektrischen Koeffizienten wesentlich geringer sind. Übliche Angaben für beispielsweise d_{33} von PZT liegen im Bereich von mehreren Hundert pC/N [50].

Eine Möglichkeit zur Erhöhung der piezoelektrischen Koeffizienten von AlN ist die Dotierung mit Scandium. Im Jahr 2009 wurde erstmalig die Abscheidung von Aluminiumscandiumnitrid ($Al_XSc_{1\text{-}X}N$) mittels reaktiven HF-Co-Sputterns berichtet [7], [8]. Diese Versuche bestätigten entsprechende theoretische Vorhersagen [6], [5]. Es konnte gezeigt werden, dass die piezoelektrischen Eigenschaften von AlN durch Einbau von Sc in die Schicht signifikant erhöht werden können (Abbildung 7.1). Der Abfall des Piezoekoeffizienten d_{33} zwischen 30 % und 40 % Scandium bei einer Substrattemperatur von 580°C wurde mit einem gestörten Kornwachstum, also einer stärker variierenden Orientierung und Größe der Körner, erklärt [8]. Seitdem wurden diese Ergebnissse von verschiedenen Arbeitsgruppen aufgegriffen und an der Weiterentwicklung der Abscheidetechnologien und der Entwicklung von Anwendungen auf Basis von $Al_XSc_{1\text{-}X}N$ gearbeitet. Diese Arbeiten befassten sich beispielsweise mit:

- Untersuchungen zur Mikrostruktur und des Wachstumsverhaltens [51], [52],
- der elektromechanischen Kopplung und den dielektrischen Eigenschaften [53], [54], [55] oder
- dem Aufbau und der Charkaterisierung von FBARs (film bulk acoustic wave resonators bzw. akustischer Dünnschicht-Volumenwellen-Resonatoren) im Frequenzbereich 2,2 ... 2,5 GHz [54], [55].

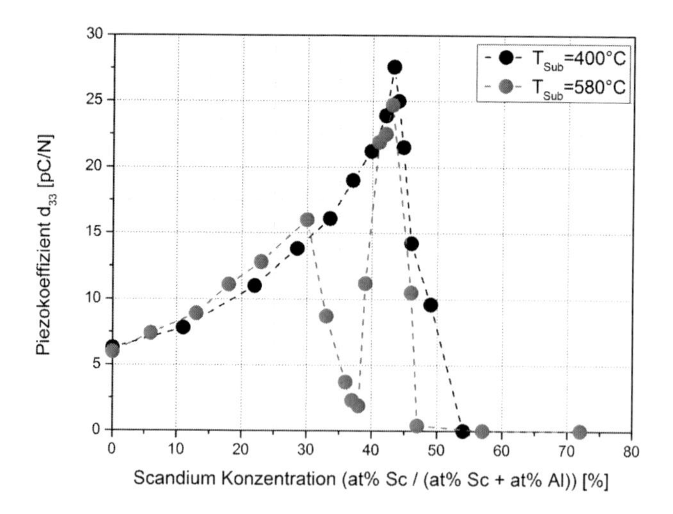

Abbildung 7.1: Piezoelektrischer Koeffizient d_{33} über Sc-Konzentration von $Al_XSc_{1\text{-}X}N$ bei zwei verschiedenen Substrattemperaturen (nach [8])

Der Einbau von Scandium-Atomen auf Aluminiumsplätzen verursacht eine Änderung der Steifigkeit und der piezoelektrischen Konstanten. Tasnadi et al. [56] berechneten, dass beispielsweise mit zunehmendem Scandium-Anteil die Komponente C_{33} des Steifigkeitstensors annähernd linear abfällt und die piezoelektrische Konstante e_{33} nichtlinear ansteigt. Da der piezoelektrische Koeffiziend d_{33} reziprok mit C_{33} und direkt mit e_{33} zusammenhängt, kommt es somit zu dem beobachteten starken Anstieg des Wertes von d_{33}.

Die Schichten, an denen der praktische Nachweis einer Erhöhung der piezoelektrischen Eigenschaften gelang, wurden durch HF-Sputtern hergestellt. Der Prozess besitzt im Vergleich zum hier behandelten Magnetron-Sputterprozess von AlN eine wesentlich geringere Abscheiderate. Ziel der nachfolgend behandelten Untersuchungen war daher zu zeigen, dass der entwickelte Magnetron-Sputterprozess auch für die Hochrate-Abscheidung auf großer Fläche genutzt werden kann.

7.2 Schichtwachstum von $Al_XSc_{1-X}N$ beim reaktiven Magnetron-Sputtern

Die Abscheidung der $Al_XSc_{1-X}N$-Schichten erfolgte mittels reaktiven Co-Sputterns. Das Innentarget bestand dabei aus Scandium und das Außentarget aus Aluminium. Über das Leistungsverhältnis wurde die Zusammensetzung der Schicht variiert. Dabei wurde die Entladung des Außentargets konstant gehalten und nur die Leistung des Innentargets verändert. Eine höhere Leistung am Innentarget ergibt dementsprechend einen höheren Scandiumanteil in der resultierenden Schicht. Es wurden zwei Beschichtungsserien durchgeführt, bei denen unterschiedlich erodierte Al-Targets verwendet wurden. In der ersten Beschichtungsserie wurde ein etwas zur Hälfte erodiertes Target zusammen mit dem unerodierten Sc-Target verwendet, wohingegen bei der zweiten Serie ein annähernd unerodiertes Al-Target mit dem durch die erste Serie teilweise erodierten Sc-Target genutzt wurde.

Die Beschichtungen der ersten Serie wurden sowohl im unipolaren als auch im bipolaren Pulsmodus durchgeführt. Die Prozessparameter wurden bis auf das Leistungsverhältnis gegenüber der reinen AlN-Abscheidung nicht geändert. In Abbildung 7.2 sind die Piezoekoeffizienten d_{33} für verschiedene Scandium-Anteile dargestellt. Die Zusammensetzung wurde mittels EDS an jeweils zwei Proben bestimmt und daraus über lineare Extrapolation mit den Leistungsverhältnissen die Zusammensetzung der anderen Schichten abgeschätzt.

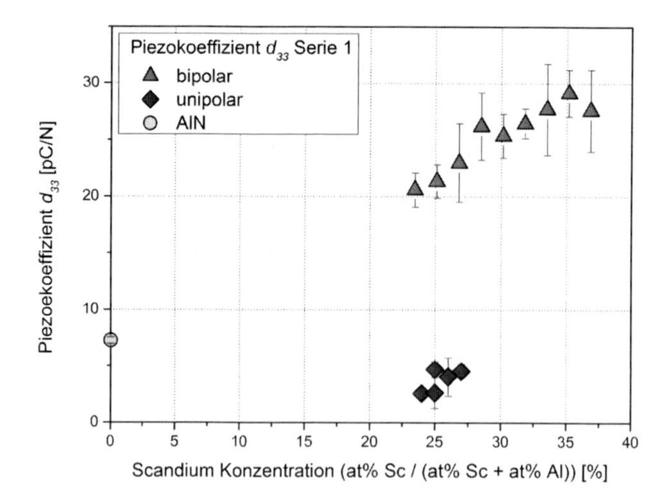

Abbildung 7.2: Abhängigkeit der Piezokoeffizienten d_{33} von der Sc-Konzentration; Schichtdicke 10 µm; (Prozessparameter: bipolar $5+P_{Innen}$ kW, Innentargetleistung P_{Innen} variabel zwischen 0,7 kW und 1,1 kW; Katodenspannung 270 V; Argonfluss 30 sccm; Prozessdruck 0,7 Pa; unipolar $10+P_{Innen}$ kW, Innentargetleistung P_{Innen} variabel zwischen 1,5 kW und 1,9 kW; Katodenspannung 390 V; 0,18 Pa)

In Abbildung 7.2 ist der starke Einfluss der Art des Pulsmodus beim Cosputtern von $Al_XSc_{1-X}N$ zu sehen:

- Die im unipolaren Pulsmodus abgeschiedenen Schichten weisen einen Piezokoeffizienten d_{33} auf, der wesentlich geringer ist als der von reinem AlN. Der Energieeintrag in die Schichten ist vermutlich nicht ausreichend für eine gute Orientierung der Schicht. Eine Erhöhung des Energieeintrages über eine Erhöhung der Targetleistungen oder über Verringerung des Sputterdruckes ist jedoch nicht möglich (siehe Abschnitt 5.3).
- Die im bipolaren Pulsmodus abgeschiedenen $Al_XSc_{1-X}N$-Schichten zeigten den erwarteten, sehr starken Anstieg des d_{33}-Wertes mit steigendem Sc-Anteil.

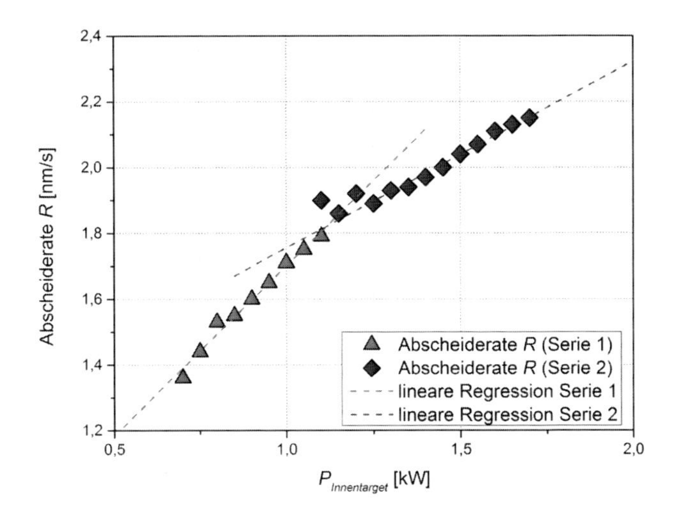

Abbildung 7.3: Abhängigkeit der Abscheiderate R von der Innentargetleistung P_{Innen} bei zwei verschiedenen Beschichtungsserien (Prozessparameter: bipolar $5+P_{Innen}$ kW; Katodenspannung 20 V unter Transparenzpunkt; Argonfluss 30 sccm; Prozessdruck 0,7 Pa; unterschiedlich erodierte Targets)

In Abbildung 7.3 sind die Abscheideraten R in Abhängigkeit von den Innentargetleistungen P_{Innen} für zwei unterschiedliche Beschichtungsserien dargestellt. Deutlich zu erkennen sind die unterschiedlichen Anstiege der Beschichtungsrate mit zunehmender Innentargetleistung. Diese Anstiege sind annährend linear. Es zeigt sich:

- Wie in [11] beschrieben, besitzt jeder Arbeitspunkt eine spezifische Sputterrate (Abscheiderate pro Sputterleistung). Mit zunehmender Innentargetleistung führt dieser Anteil zu einer Erhöhung der Abscheiderate R.

- Demgegenüber steht eine zunehmende Bedeckung des Außentargets durch die Bedeckung mit Reaktionsprodukten des Innentargets. Bei gleichbleibender Katodenspannung des Außentargets wird also der Prozess etwas reaktiver und die Abscheiderate R sinkt (siehe Abschnitt 5.2).

- Dadurch verschiebt sich auch der Arbeitspunkt des Innentargets leicht ins Reaktive, was auch eine leichte Reduzierung der Abscheiderate R mit sich bringt [11].

Da der erste Mechanismus überwiegt, steigt insgesamt die Abscheiderate R mit zunehmender Innentargetleistung an.

Die Ursache für das unterschiedliche Verhalten der beiden in Abbildung 7.3 gezeigten Sputterserien könnte in der Verwendung unterschiedlich erodierter Targets liegen. In der ersten Beschichtungsserie wurde ein etwa zur Hälfte erodiertes Al-Target und unerodiertes Sc-Target verwendet. Bei der zweiten Serie wurde ein annähernd unerodiertes Al-Target mit dem etwas erodierten Sc-Target genutzt. Der Unterschied in den Anstiegen der Regressionsgeraden in Abbildung 7.3 lässt vermuten, dass in der zweiten Serie das Innentarget bei gleicher Leistung wie in der ersten Serie in einem reaktiveren Arbeitspunkt arbeitet.

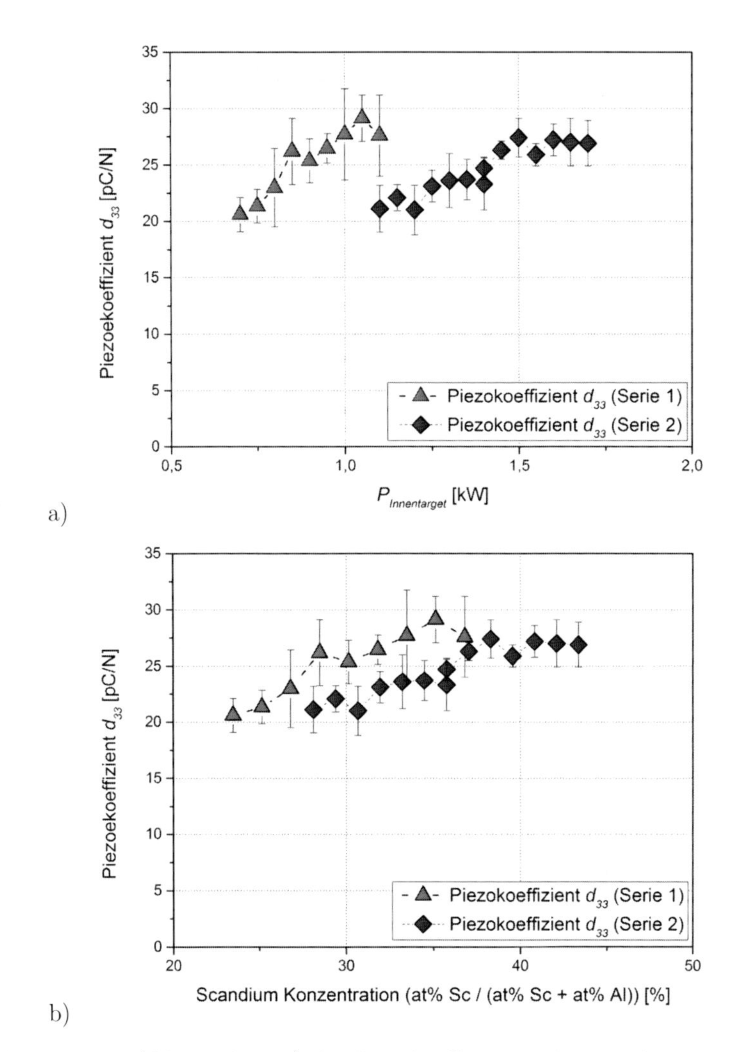

Abbildung 7.4: Abhängigkeit a) des Piezokoeffizienten d_{33} von der Innentargetleistung P_{Innen} und b) dem Piezokoeffizienten d_{33} von der mittels EDS an drei Proben bestimmten Scandium-Konzentration bei zwei verschiedenen Beschichtungsserien (Prozessparameter: bipolar $5+P_{Innen}$ kW; Katodenspannung 20 V unter Transparenzpunkt; Argonfluss 30 sccm; Prozessdruck 0,7 Pa; unterschiedlich erodierte Targets)

Auch die Messungen der Piezokoeffizienten d_{33} weisen starke Unterschiede zwischen den Serien auf. Die mittels EDS an drei Proben bestimmten Zusammensetzungen der Schichten zeigen eine unterschiedliche Abhängigkeit vom Leistungsverhältnis der beiden Targets (Abbildungen 7.4). Die erste Serie wies bei vergleichbarer Innentargetleistung einen höheren Sc-Anteil auf. Dies deutet ebenfalls darauf hin, dass sich das Innentarget in der zweiten Serie näher am reaktiven Bereich befunden hat.

Die in der ersten Serie gemessenen Piezokoeffizienten d_{33} sind bei gleicher Zusammensetzung etwas höher. Aus Abschnitt 5.2 wäre jedoch zu erwarten gewesen, dass die zweite Serie aufgrund ihres in einem reaktiverem Arbeitspunkt befindlichen Innentargets höhere Piezokoeffizienten d_{33} aufweisen müsste.

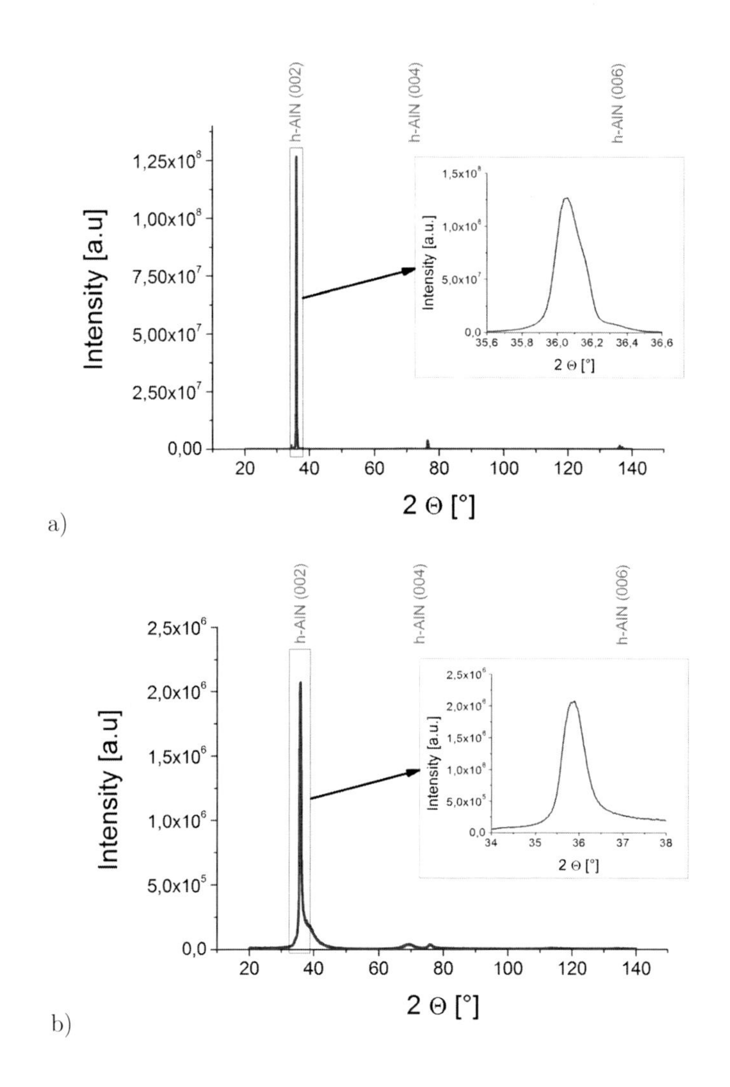

Abbildung 7.5: XRD-Diagramm einer a) AlN- und b) $Al_{62,7}Sc_{37,3}N$-Schicht mit Vergrößerung des (002)-Peaks (zweite Beschichtungsserie; Prozessparameter: bipolar 5+1,35 kW; Katodenspannung 280 V; Argonfluss 30 sccm; Prozessdruck 0,7 Pa; Schichtdicke 10 µm)

In Abbildung 7.5 ist ein direkter Vergleich der XRD-Messungen einer AlN-Schicht und einer $Al_{62,7}Sc_{37,3}N$-Schicht dargestellt. Deutlich zu erkennen ist der sehr scharfe Peak (Halbwertsbreite 0,18°) der AlN-Schicht bei 36°. Demgegenüber steht der wesentlich breitere Peak der $Al_{62,7}Sc_{37,3}N$-Schicht (Halbwertsbreite 0,56°), der dementsprechend auch eine um Größenordnungen niedrigere maximale Intensität besitzt. Dies kann unterschiedliche Ursachen haben, wie beispielsweise eine schlechtere Orientierung, eine kleinere mittlere Korngröße oder eine größere Anzahl an Defekten in den Schichten.

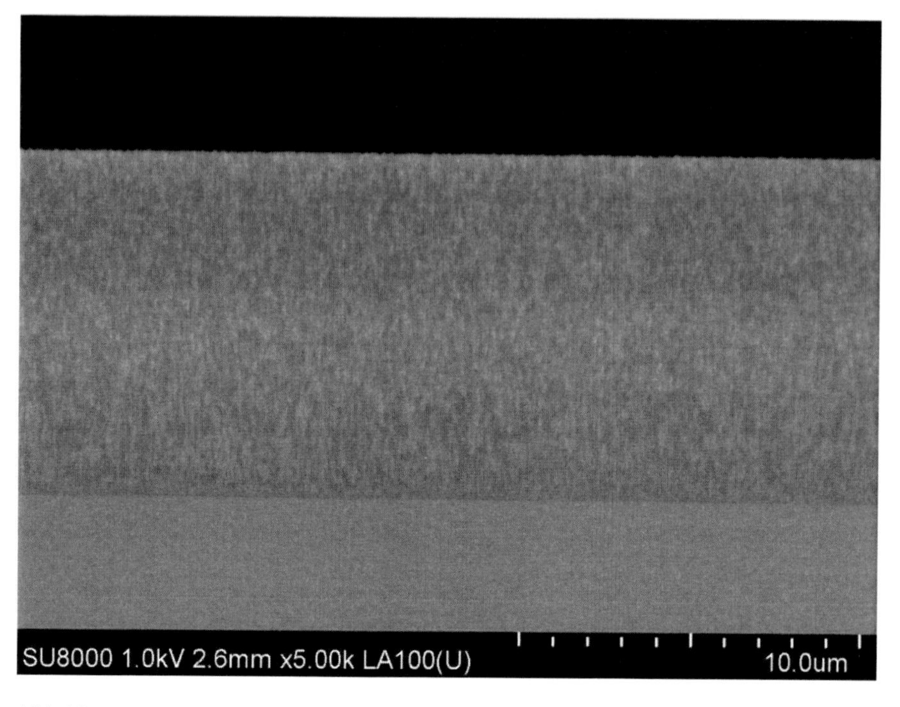

Abbildung 7.6: REM-Querschnittsaufnahme einer $Al_{62,7}Sc_{37,3}N$-Schicht auf Silizium (zweite Beschichtungsserie; Prozessparameter: bipolar 5+1,35 kW; Katodenspannung 280 V; Argonfluss 30 sccm; Prozessdruck 0,7 Pa; Schichtdicke 10 µm)

In Abbildung 7.6 ist die REM-Aufnahme einer $Al_{62,7}Sc_{37,3}N$ gezeigt. Im Vergleich mit der AlN-Schicht aus Abbildung 6.2 zeigt sich ein deutlich anderes Aussehen. Die mittlere Korngröße ist wesentlich feiner und wächst mit der Beschichtungszeit kaum. Die mittlere Korngröße bei 1 µm Schichtdicke beträgt ca. 60 nm und bei 9 µm ca. 80 nm. Dies ist kongruent mit der größeren Halbwertsbreite des 36°-Peaks in der XRD-Messung (Abbildung 7.5).

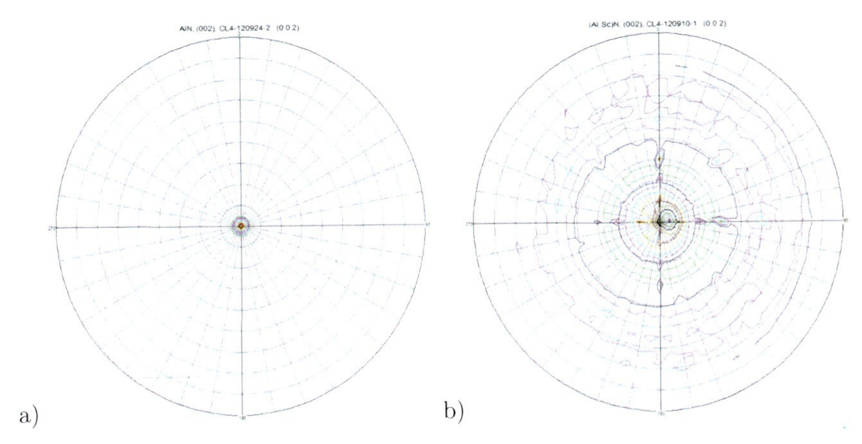

Abbildung 7.7: Polfiguren einer a) AlN- und b) $Al_{62,7}Sc_{37,3}N$-Schicht, Schichtdicke jeweils 10 µm (Erstveröffentlichung in [57])

In Abbildung 7.7 sind die Polfiguren der (002)-Orientierung von AlN- und einer $Al_{62,7}Sc_{37,3}N$-Schichten dargestellt. Deutlich erkennbar ist, dass die reine AlN-Schicht eine scharfe Textur (Halbwertsbreite der Polfiur ca. 4°) und Orientierung (Verkippung der Körner gegenüber der Oberflächennormalen $<5°$) aufweist. Im Gegensatz dazu weist die $Al_{62,7}Sc_{37,3}N$-Schicht eine deutlich größere Halbwertsbreite auf. Auch ist das Maximum, also die mittlere Orientierung der Körner, um einige Grad verkippt. Die Verkippung resultiert möglicherweise aus dem unterschiedlichen Auftreffwinkel der Al- und der Sc-Atome. In der $Al_{62,7}Sc_{37,3}$-Schicht kommt die Mehrzahl der Atome vom äußeren Al-Target. Diese besitzen an der Position bei einem Beschichtungsradius von 2 cm bei der die untersuchte Schicht lag, einen vergleichsweise flacheren Eintreffwinkel.

7.3 Homogenität

Ein Problem beim Co-Sputtern von Sc-dotierten AlN-Schichten ist die im Vergleich zum AlN-Prozess geringere Homogenität der Schichteigenschaften. Da mit zwei unterschiedlichen, reinen Targetmaterialien gearbeitet wird, ist die Zusammensetzung der abgeschiedenen Schichten radial nicht homogen. Die Schichten in zentralerer Beschichtungsposition besitzen einen höheren Sc-Anteil. Zusätzlich ist auch die Schichtdickenverteilung je nach Leistungsverhältnis der beiden Targetentladungen unterschiedlich und stark inhomogen. Mit zunehmender Innentargetleistung nimmt die relative Schichtdicke in der Mitte zu.

Zusätzlich zu den durch das Co-Sputtern zweier Targetmaterialien verursachten Inhomogenitäten ist auch der potentielle Beschichtungsbereich bedingt durch die inhomogenere Abscheidung im bipolaren Pulsmodus (Abschnitt 5.5) auf einen Durchmesser von ca. 10 cm limitiert. Die im homogeneren unipolaren Pulsmodus abgeschiedenen Schichten zeigten nicht die erwarteten Verbesserungen und wiesen auch anlagenbedingt eine maximale Sc-Dotierung von 27 % auf.

Untersuchungen bei Nutzung des Pulsmischmodus konnten im Rahmen dieser Arbeit nicht mehr durchgeführt werden und stehen noch aus. Jedoch ist zu erwarten, dass ein notwendiger höherer Energieeintrag zur Abscheidung der gewünschten Schichten auch höhere Schichtspannungen mit sich bringt.

8 Zusammenfassung und Ausblick

8.1 Zusammenfassung

Im Rahmen dieser Arbeit wurde die Abscheidung von piezoelektrischen Dünnschichten auf Basis von Aluminiumnitrid mittels Magnetron-Sputterns untersucht. Durch die Verwendung des Magnetrons im Sputterprozess lässt sich zwar gegenüber Sputterprozessen ohne Magnetfeldunterstützung die Abscheiderate erhöhen, jedoch verringert sich die Homogenität. Durch Nutzung einer Doppel-Ring-Magnetron-Quelle (DRM 400, Fraunhofer-Institut für Elektronenstrahl- und Plasmatechnik FEP) konnte die Homogenität der Abscheidung auch über einen großen Beschichtungsbereich gewährleistet werden. Ziel dieser Arbeit war es deshalb, die verschiedenen Prozessparameter zu untersuchen und ihre Auswirkungen auf den Prozess und die Eigenschaften der abgeschiedenen Schichten zu analysieren.

Als Haupteinflussgrößen auf die resultierenden Schichteigenschaften erwiesen sich dabei der Pulsmodus, die Leistung der beiden Targets, der Druck während des Prozesses und der reaktive Arbeitspunkt. Dabei wurden aufgrund des komplexen Zusammenspiels der Einflussgrößen verschiedene Parameterbereiche identifiziert, die eine Abscheidung von AlN-Dünnschichten mit guten piezoelektrischen Eigenschaften ermöglichen.

Im unipolaren Pulsmodus sind für die Abscheidung von piezoelektrischen Schichten sehr hohe Targetleistungen und sehr niedrige Prozessdrücke notwendig. So haben sich Targetleistungen von 10 kW am Außentarget und 2 kW am Innentarget bei einem Sputterdruck von weniger als 0,2 Pa als gut geeignet erwiesen. Allerdings führen die sehr hohen Leistungen und der sehr niedrige Sputterdruck zu Problemen bei der Prozessstabilität. Demgegenüber steht die hohe Abscheiderate von ca. 200 nm/min und eine sehr gute Schichthomogenität auf Flächen mit Durchmessern von bis zu 20 cm.

Im bipolaren Pulsmodus ist der Beschuss des Substrates mit energiereichen Teilchen wesentlich höher als im bipolaren Modus, so dass geringere Targetleistungen und höhere Prozessdrücke verwendet werden können. Bei niedrigen Sputterdrücken treten in den abgeschiedenen Schichten sehr große mechanische Druckspannungen auf, so dass es zu Schichtabplatzungen kommen kann. Gute Ergebnisse wurden bei Targetleistungen von 5 kW am Außentarget und 1 kW am Innentarget bei einem Sputterdruck von weniger als 0,8 Pa erreicht. Der Beschichtungsprozess ist sehr stabil, weist aber nur eine etwa halb so große Abscheiderate auf. Auch ist die maximale Beschichtungsfläche aufgrund des inhomogeneren Energieeintrages in die Schichten auf Durchmesser von maximal 10 cm beschränkt.

Der Puls-Mischmodus erlaubt die Variation der Plasmaparameter zwischen rein unipolarem und rein bipolarem Modus durch Einstellung der entsprechenden Pulszeiten an der Anode. Dadurch ist es möglich, die Vorteile beider Pulsmodi zu nutzen und die Nachteile zu verringern. Ein Beispiel hierfür ist der Puls-Mischmodus mit Targetleistungen von 9 kW am Außentarget und 1,8 kW am Innentarget bei einem Sputterdruck von 0,6 Pa. Der Prozess ist sehr stabil, weist einen homogenen Beschichtungsbereich auf einem Durchmesser von 20 cm auf und besitzt eine Abscheiderate von ca. 160 nm/min.

Darüber hinaus wurden die verschiedenen Prozessparameter hinsichtlich ihrer Auswirkungen auf die in den Schichten auftretenden mechanischen Spannungen untersucht. Dabei zeigte sich, dass der bipolare Pulsmodus im Vergleich mit dem unipolaren Pulsmodus zu höheren Druckspannungen in den AlN-Schichten führt. Ebenso ergeben niedrigere Katodenspannungen am Außentarget, die den Arbeitspunkt stärker in den reaktiven Arbeitsbereich verschieben, höhere Druckspannungen in den AlN-Schichten. Zusätzlich existiert eine Abhängigkeit der mechanischen Spannungen von der Schichtdicke, die durch die Änderung der mittleren Korngröße über die Prozesszeit hervorgerufen wird. Mit zunehmender Beschichtungszeit steigt die mittlere Korngröße an, wodurch sich die Druck- in Zugspannungen ändern. Durch geeignete Parameterwahl lassen sich für ein gegebenes Substrat und eine bestimmte, meist durch die Anwendung vorgegebene, Schichtdicke die Schichtspannungen fast vollständig gegen Null reduzieren, wobei die Schichten trotzdem eine hohe piezoelektrische Aktivität aufweisen.

Durch Parametervariation während der Beschichtung lassen sich bei sehr dicken Schichten von mehreren 10 µm die mechanischen Spannungen so weit beeinflussen, dass weder bei Beschichtungsbeginn zu große Druckspannungen, noch bei dicken Schichten zu große Zugspannungen auftreten. Die Wirksamkeit dieser Variation wurde am Beispiel von 50 µm dicken AlN-Schichten demonstriert. Als Parameter wurde der Sputterdruck verwendet, der in mehreren Stufen gesenkt wurde. Die gemessenen Schichtspannungen lagen zwischen -230 MPa (Druckspannung) und 130 MPa (Zugspannung). Alle Schichten waren piezoelektrisch aktiv.

In Untersuchungen anderer Autoren hatte sich gezeigt, dass die Dotierung von AlN-Schichten mit Scandium eine starke Erhöhung der piezoelektrischen Koeffizienten bringt. Deren Versuche waren mit HF-Sputtern durchgeführt worden, was im Vergleich zum hier untersuchten Magnetron-Sputterprozess eine wesentlich geringere Abscheiderate aufweist. Aus diesem Grund sollte gezeigt werden, ob sich für solche $Al_XSc_{1\text{-}X}N$-Schichten auch das Sputtern mit Doppel-Ring-Magnetron eignet. Dies erfolgte durch Co-Sputtern von zwei rein metallischen Targets. Die Abscheidung im unipolaren Pulsmodus resultierte in Schichten mit nur geringen piezoelektrischen Aktivitäten. Im Gegensatz dazu führte die Abscheidung von Schichten im bipolaren Pulsmodus zu sehr hohen Piezokoeffizienten d_{33}, die auch in der Puls-Echo-Messmethode bis zu sechsmal so hohe Signale wir reines AlN lieferten. Das Kornwachstum in Abhängigkeit von der Beschichtungszeit ist jedoch im Vergleich zur AlN-Abscheidung geringer. Die mittlere Korngröße senkrecht zur Wachstumsrichtung ändert sich kaum. Auch sind die Körner schlechter orientiert als bei AlN, was sich an einer wesentlich größeren Halbwertsbreite der Polfigurmessungen widerspiegelt. Dadurch ist die piezoelektrische Aktivität senkrecht zur Oberfläche geringer als potenziell möglich. Zusätzlich ist die Homogenität der Abscheidung aufgrund des bipolaren Pulsmodus und des Prinzips des Co-Sputterns von zwei reinen Metalltargets relativ gering. Problematisch war außerdem die Reproduzierbarkeit der Schichteigenschaften bei wiederholten Sputterexperimenten. Dies lag möglicherweise an den unterschiedlichen Erosionszuständen der verwendeten Al-Außentargets sowie des Sc-Innentargets. Bei einem bereits teilweise erodierten Al-Außentarget und einem wenig erodierten Sc-Innentarget zeigten die $Al_XSc_{1\text{-}X}N$-Schichten im Vergleich zum entgegengesetzten Fall einen höheren Sc-Anteil in den Schichten bei gleichen Target-Leistungsverhältnissen sowie eine stärkere piezoelektrische Aktivität bei gleicher Sc-Konzentration.

8.2 Ausblick

Die Untersuchungen in dieser Arbeit konzentrierten sich auf die Anwendung des Magnetron-Sputterns für die Herstellung piezoelektrischer AlN-Schichten. Mit den vorliegenden Ergebnissen ist die Grundlage geschaffen, dass die auf diese Art hergestellten Schichten für spezielle Anwendungen in der Sensorik oder der Mikro-Energiegewinnung integriert werden können. Als Beispiele seien an dieser Stelle die Herstellung von Array-Ultraschallschwingern oder Ultraschallsensoren im Frequenzbereich mehrerer Hundert MHz genannt. Dabei ist es wichtig, großserientaugliche Strukturierungsverfahren für die AlN-Schichten zu entwickeln. In dieser Arbeit ist zur Strukturierung die maskierte Beschichtung verwendet worden. Dieses Verfahren stößt jedoch bei kleineren Strukturgrößen, wie sie für die geringen Abstände der einzelnen Schwinger in Array-Sensoren notwendig sind, an seine Grenzen.

In dieser Arbeit ist gezeigt worden, dass $Al_XSc_{1-X}N$-Schichten gegenüber AlN-Schichten deutliche Vorteile haben können. Durch Verwendung des Puls-Mischmodus kann eine weitere Verbesserung erwartet werden. Das erfordert insbesondere die Untersuchung folgender Punkte:

- die Vergrößerung der Fläche mit homogener Beschichtung,
- die Verbesserung des Schichtwachstums hinsichtlich Korngröße und -orientierung und
- die Verbesserung der Reproduzierbarkeit der Ergebnisse, insbesondere die Untersuchung der Auswirkungen des Targetzustandes auf die Schichteigenschaften.

Perspektivisch für eine zukünftige Anwendung muss von der Prozessführung vom hier verwendeten Co-Sputtern von zwei reinen Metalltargets zum Sputtern von Legierungstargets oder Targets aus einzelnen Kacheln übergegangen werden. Dadurch kann eine homogenere Zusammensetzung der Schichten über den gesamten Beschichtungsbereich gewährleistet werden.

Literaturverzeichnis

[1] D. Meschede: Gerthsen Physik. Springer, Berlin, Heidelberg, 24. Auflage, 2010.

[2] J. Souquet, P. Defranould, J. Desbois: *Design of low-loss wide-band ultrasonic transducers for noninvasive medical application.* IEEE Transactions on Sonics and Ultrasonics, 26, 75–81, 1979.

[3] S. Tadigadapa, K. Mateti: *Piezoelectric MEMS sensors: state-of-the-art and perspectives.* Measurement Science and Technology, 20, 092001, 2009.

[4] V. V. Felmetsger, P. N. Laptev, R. J. Graham: *Deposition of ultrathin AlN films for high frequency electroacoustic devices.* Journal of Vacuum Science and Technology A, 29, 021014–1–021014–7, 2011.

[5] N. Takeuchi: *First-principles calculations of the ground-state properties and stability of ScN.* Physical Review B, 65, 045204, 2002.

[6] N. Farrer, L. Bellaiche: *Properties of hexagonal ScN versus wurtzite GaN and InN.* Physical Review B, 66, 201203, 2002.

[7] M. Akiyama, T. Kamohara, K. Kano, A. Teshigahara, Y. Takeuci, N. Kawahara: *Enhancement of piezoelectric response in scandium aluminum nitride alloy thin films prepared by dual reactive cosputtering.* Advanced Materials, 21, 539–596, 2009.

[8] M. Akiyama, K. Kano, A. Teshigahara: *Influence of growth temperature and scandium concentration on piezoelectric response of scandium aluminum nitride alloy thin films.* Applied Physics Letters, 95, 162107 (3), 2009.

[9] M. Akiyama, T. Tabaru, K. Nishikubo, A. Teshigahara, K. Kano: *Preparation of scandium aluminum nitride thin films by using scandium aluminum alloy sputtering target and design of experiments.* The Ceramic Society of Japan, 118 (12), 1166–1169, 2010.

[10] S. M. Rossnagel, J. J. Cuomo, W. D. Westwood, Hg.: Handbook of Plasma Processing Technology : Fundamentals, Etching, Deposition, and Surface Interactions. Noyes Publications / William Andrew Publishing, Norwich, New York, USA, 1989.

[11] H. Bartzsch: *Physikalische Grundlagenuntersuchungen zur Prozessstabilität und zur Homogenität des Teilchen- und Energiestroms auf das Substrat beim stationären reaktiven Pulssputtern mit dem Doppelringmagnetron.* Dissertation, Fakultät für Naturwissenschaften, Otto-von-Guericke-Universität Magdeburg, 2000.

[12] G. Kienel, K. Röll: Vakuum-Beschichtung 2: Verfahren und Anlagen. VDI-Verlag. Düsseldorf, 1995.

[13] G. Franz: Oberflächentechnologie mit Niederdruckplasmen: Beschichten und Strukturieren in der Mikrotechnik, Band 2. Berlin: Springer-Verlag, 1994.

[14] S. Günther: *Der Prozess der plasmaunterstützten Aluminumbedampfung und die Eigenschaften dadurch hergestellter Schichten.* Dissertation, Technische Universität Ilmenau, Fachbereich Maschinenbau, 2007.

[15] S. Berg, T. Nyberg: *Fundamental understanding and modeling of reactive sputtering processes.* Thin Solid Films, 476, 215–230, 2005.

[16] K. Wasa, S. Hayakawa: Handbook of Sputter Deposition Technology: Principles, Technology and Applications. Noyes Publications / William Andrew Publishing, Westwood, New Jersey, USA, 1991.

[17] J. A. Thornton: *Influence of apparatus geometry and deposition conditions on the structure and topography of thick sputtered coatings.* Journal of Vacuum Science and Technology, 11, 666–670, 1974.

[18] B. A. Movchan, A. V. Demshishin: *Study of the structure and properties of thick vacuum condensates of nickel, titanium, tungsten, aluminium oxide and zirconium dioxide.* The Physics of Metals and Metallography, 28, 653–660, 1969.

[19] J. A. Thornton, D. W. Hoffman: *Stress-related effects in thin films.* Thin Solid Films, 171, 5–31, 1989.

[20] R. Messier, A. P. Giri, R. A. Roy: *Revised structure zone model for thin film physical structure.* Journal of Vacuum Science and Technology A, 2, 500–503, 1984.

[21] J. Curie, P. Curie: *Dévelopment, par pression, de l'éctricité polaire dans les cristaux hémièdres à faces inclinées.* Comptes Rendus Hebdomadaires des Séances de l'Académie des Sciences, 91, 294–295, 1880.

[22] G. Lippman: *Sur le principe de la conversation de l'éctricitè ou second principe de la theorie des phenomènes éctriciques.* Comptes Rendus Hebdomadaires des Séances de l'Académie des Sciences, 92, 1337–1140, 1881.

[23] J. Curie, P. Curie: *Contractions et dilations produltes par des tensions électriques dans les cristaux hémièdres â faces inclinées.* Comptes Rendus Hebdomadaires des Séances de l'Académie des Sciences, 93, 1337–1140, 1881.

[24] G. W. Taylor, J. J. Gagnepain, T. R. Meeker, T. Nakamura, L. A. Shuvalov, Hg.: Piezoelectricity. Gordon and Breach Science Publishers, New York, 1992.

[25] T. Ikeda: Fundamentals of Piezoelectricity. Oxford Science Publications, 1996.

[26] *DIN EN 50324 1: Piezoelektrische Eigenschaften von keramischen Werkstoffen und Komponenten - Teil 1: Begriffe*, 2002.

[27] M. T. Wauk, D. K. Winslow: *Vacuum deposition of AlN acoustic transducers.* Applied Physics Letters, 13, 286–288, 1968.

[28] U. Rössler, D. Strauch: Landolt-Börnstein: Numerical Data and Functional Relationships in Science and Technology, Group III: Condensed Matter, Volume 41: Semiconductors, Subvolume A1: Group IV Elements, IV-VI and III-V Compounds, Part α: Lattice Properties. Springer, Berlin, Heidelberg, New York, 2001.

[29] V. Mortet, M. Nesladek, K. Haenen, A. Morel, M. D'Olieslaeger, M. Vanecek: *Physical properties of polycrystalline aluminium nitride films deposited by magnetron sputtering.* Diamond and Related Materials, 13, 1120–1124, 2004.

[30] R. Lanz, C. Lambert, L. Senn, L. Gabathuler, G. J. Reynolds: *Aluminum-nitride manufacturing solution for BAW and other MEMS applications using a novel, high-uniformity PVD source.* IEEE Ultrasonics Symposium, 1481–1485, 2006.

[31] X.-H. Xu, H.-S. Wu, C.-J. Zhang, Z.-H. Jin: *Morphological properties of AlN piezoelectric thin films deposited by DC reactive magnetron sputtering.* Thin Solid Films, 388, 62–67, 2001.

[32] H. Bartzsch, P. Frach, K. Goedicke: *Anode effects on energetic particle bombardment of the substrate in pulsed magnetron sputtering.* Surface and Coatings Technology, 132, 244–250, 2000.

[33] H. Bartzsch, M. Gittner, D. Gloess, P. Frach, T. Herzog, S. Walter, H. Heuer: *Properties of piezoelectric AlN layers deposited by reactive pulse magnetron sputtering.* Society of Vacuum Coaters, 54th Annual Technical Conference Proceedings, 370–375, 2011.

[34] J. Affinito, R. R. Parsons: *Mechanisms of voltage compelled, reactive, planar magnetron sputtering of Al in Ar/N_2 and Ar/O_2 atmospheres.* Journal of Vacuum Science and Technology A: Vacuum, Surfaces, and Films, 2 (3), 1275–1284, 1984.

[35] S. M. Rossnagel: *Magnetron plasma deposition processes.* Thin Solid Films, 171, 125–142, 1989.

[36] K. Nitzsche: Schichtmesstechnik. Deutscher Verlag für Grundstoffindustrie, Leipzig, 1974.

[37] G. Kienel: Vakuum-Beschichtung 3: Anlagenautomatisierung, Meß- und Analysetechnik. VDI-Verlag. Düsseldorf, 1995.

[38] D. Glöß, H. Bartzsch, M. Gittner, S. Barth, P. Frach, T. Herzog, S. Walter, H. Heuer: *Pulsed magnetron sputtered AlN thin films - a lead-free material for piezoelectric applications.* 3rd Scientific Symposium of the CRC/TR 39 "PT-PIESA - Integration of Active Functions into Structural Components", 2011.

[39] S. Walter, T. Herzog, H. Heuer, H. Bartzsch, D. Glöß: *Smart ultrasonic sensors systems: potential of aluminum nitride thin films for the excitation of the ultrasound at high frequencies.* Microsystem Technologies, 18, 1193–1199, 2011.

[40] G. Stoney: *The tension of metallic films depositedby electrolysis.* Proceedings of the Royal Society of London, Series A, 82, 92–172, 1909.

[41] E. Iborra, J. Olivares, M. Clement, L. Vergara, A. Snz-Hervás, J. Sangrador: *Piezoelectric properties and residual stress of sputtered AlN films for MEMS applications.* Sensors and Actuators A, 115, 501–507, 2004.

[42] J. Tranchant, P. Y. Tessier, J. P. Landesman, M. A. Djouadi, B. Angleraud, P. O. Renault, B. Girault, P. Goudeau: *Relation between residual stresses and microstructure in Mo(Cr) thin films elaborated by ionized magnetron sputtering.* Surface and Coatings Technology, 202, 2247–2251, 2008.

[43] C. A. Davis: *A simple model for the formation of compressive stress in thin films by ion bombardment.* Thin Solid Films, 226, 30–34, 1993.

[44] P. Frach, C. Gottfried, H. Bartzsch, K. Goedicke: *The double ring magnetron process module - a tool for stationary deposition of metals, insulators and reactive sputtered compounds.* Surface and Coatings Technology, 90, 75–81, 1997.

[45] G. J. T. Leighton, Z. Huang: *Accurate measurement of the piezoelectric coefficient of thin films by eliminating the substrate bending effect using spatial scanning laser vibrometry.* Smart Materials and Structures, 19, 065011, 2010.

[46] F. A. Doljak, H. R. W.: *The origin of stress in thin nickel films.* Thin Solid Films, 12, 71–74, 1972.

[47] G. Janssen: *Stress and strain in polycrystalline thin films.* Thin Solid Films, 515, 6654–6664, 2007.

[48] H. Köstenbauer, G. A. Fontalvo, M. Kapp, J. Keckes, C. Mitterer: *Annealing of intrinsic stresses in sputtered TiN films: The role of thickness-dependent gradients of point defect density.* Surface and Coatings Technology, 201, 4777–4780, 2007.

[49] H. Köstenbauer, G. A. Fontalvo, J. Keckes, C. Mitterer: *Intrinsic stresses and stress relaxation in TiN/Ag multilayer coatings during thermal cycling.* Thin Solid Films, 516, 1920–1924, 2008.

[50] P. Rakbamrung, M. Lallart, D. Guyomar, N. Muensit, C. Thanachayanont, C. Lucat, B. Guiffard, L. Petit, P. Sukwisut: *Performance comparison of PZT and PMN-PT piezoceramics for vibration energy harvesting using standard or nonlinear approach.* Sensors and Actuators A, 163, 493–500, 2010.

[51] C. Höglund, J. Birch, B. Alling, J. Bareño, Z. Czigány, P. O. A. Persson, G. Wingqvist, A. Zukauskaite, L. Hultman: *Wurtzite structure $Sc_{1-X}Al_XN$ solid solution films grown by reactive sputter epitaxy: Structural characterization and first-principles calculations.* Journal of Applied Physics, 107, 123515, 2010.

[52] A. Zukauskaite, G. Wingqvist, J. Palisaitis, J. Jensen, P. O. A. Persson: *Microstructure and dielectric properties of piezoelectric magnetron sputtered w-$Sc_XAl_{1-X}N$ thin films.* Journal of Applied Physics, 111, 093527, 2012.

[53] G. Wingqvist, F. Tasnádi, A. Zukauskaite, J. Birch, H. Arwin, L. Hultman: *Increased electromechanical coupling in w-$Sc_XAl_{1-X}N$.* Applied Physics Letters, 97, 112902, 2010.

[54] M. Moreira, J. Bjurström, I. Katardjev, V. Yantchev: *Aluminum scandium nitride thin-film bulk acoustic resonators for wide band applications.* Vacuum, 86, 23–26, 2011.

[55] R. Matloub, A. Artieda, C. Sandu, E. Milyutin, P. Muralt: *Electromechanical properties of $Al_{0.9}Sc_{0.1}N$ thin films evaluated at 2.5 GHz film bulk acoustic resonators.* Applied Physics Letters, 99, 092903, 2011.

[56] F. Tasnádi, B. Alling, C. Höglund, G. Wingqvist, J. Birch, L. Hultman, I. A. Abrikosov: *Origin of the Anomalous Piezoelectric Response in Wurtzite $Al_XSc_{1-X}N$ Alloys.* Pysical Review Letters, 104, 137601(4), 2010.

[57] S. Barth, H. Bartzsch, D. Glöß, P. Frach, T. Herzog, S. Walter, H. Heuer: *Sputter deposition of stress controlled piezoelectric AlN and AlScN films for ultrasonic and energy harvesting applications.* IEEE Joint UFFC, ETFE and PFM Symposium Proceedings, 1351–1353, 2013.

Lebenslauf

Persönliche Daten

Name, Vorname	Barth, Stephan
Geburtsdatum und -ort	31.05.1985
Geburtsort	Oschatz

Schulbildung und Studium

2003	Abitur, Thomas-Mann-Gymnasium Oschatz
10.2003 - 02.2010	Studium der Werkstoffwissenschaft (Abschluss Diplomingenieur), Fakultät Maschinenwesen, TU Dresden
02.2010	Diplomarbeit "Charakterisierung dünner Schichten und Schichtsysteme hinsichtlich ihrer mechanischen und Permeationseigenschaften",
10.2010 - 01.2015	Promotionsstudium Elektrotechnik, Fakultät Elektrotechnik und Informationstechnik, TU Dresden

Berufstätigkeit

03.2010 - 08.2010	wissenschaftliche Hilfskraft am Fraunhofer-Institut für Elektronenstrahl- und Plasmatechnik FEP, Dresden
09.2010 - 08.2013	Doktorand und wissenschaftlicher Mitarbeiter an der TU Dresden, Fakultät Elektrotechnik und Informationstechnik, Institut für Festkörperelektronik
seit 09.2013	wissenschaftlicher Mitarbeiter am Fraunhofer-Institut für Elektronenstrahl- und Plasmatechnik FEP, Dresden